精品咖啡學 下

韓懷宗・著

推薦序

咖啡的美學經濟時代終於來臨！

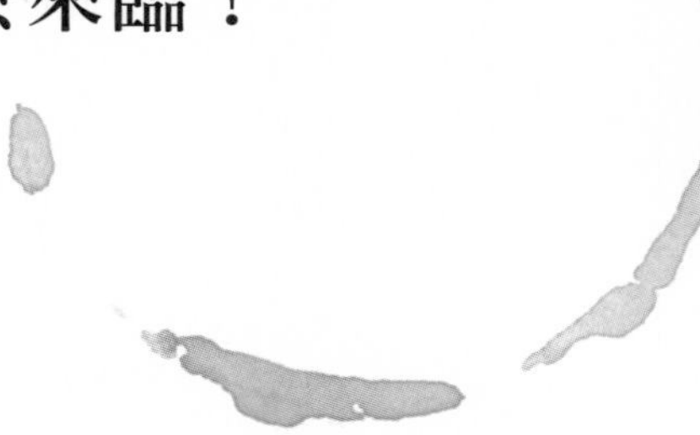

大約是在兩年多前，朋友帶著我走進陽明山菁山路一家不起眼咖啡廳，主人陳老闆不僅一眼認出我是誰，還熱情地為我上了一堂咖啡課，就從那一刻起，我從喝茶一族轉變為愛咖啡一族。

那天，陳老闆只告訴我如何分辨新鮮咖啡與不新鮮的咖啡，如何從口感、味蕾去感受咖啡的新鮮度，他告訴我，咖啡好壞不在價格高低，重要的是在新不新鮮，像花生氧化會分解出黃麴毒素這種有害人體的物質，他說咖啡更可怕，會分解出比花生更可怕的黃麴毒素。

我的咖啡學就從新鮮這一課出發，陳老闆要我把烘焙好的咖啡豆放在嘴巴裡和吃花生一樣咬，慢慢去感受其中的苦甘味。從這一刻起，我開始品嘗黑咖啡，不曾再喝加了很多牛奶的拿鐵，連卡布奇諾也很少喝了。

以前到辦公室前，我總會到7-11帶一杯拿鐵到辦公室，現在則是太太拿了陳老闆親自烘焙的新鮮咖啡豆，每天用保溫瓶帶一壺煮好的咖啡到辦公室來喝。為了體驗不同的咖啡文化，偶爾，我也會到湛盧或馬丁尼茲、黑湯咖啡……等咖啡專賣店，感覺不同的咖啡文化。

這些年來，咖啡文化就像紅酒一般愈來愈興旺，品味紅酒讓人的眼界不斷進階升值，進而尋訪更好年份的紅酒，喝咖啡也是如此，休閒的時候，找一處喝咖啡的好地方也是一大享受，若更有閒情逸致，一腳踩進咖啡殿堂，研究咖啡的歷史、沖泡細節和品味方式，也是很有趣的功課。

咖啡文化亦形成咖啡產業，美國的咖啡連鎖店星巴克在二〇一一年歐債造成全球股災，全球股市整整縮水了六・三兆美元的災難中，星巴克股價居然創下四七・三五美元的歷史新天價，將市值推升到一千億台幣以上，而美國的綠山咖啡也順勢而起。大街小巷慢慢充滿了咖啡香，在台灣的街頭，我們看到統一超商的CITY COFFEE大賣，一年產值是幾十億台幣，連帶著全家、萊爾富也賣起伯朗咖啡，而伯朗咖啡的李添財董事長亦開起了咖啡連鎖店。除了這些巨型咖啡連鎖店，許多咖啡達人的咖啡專賣店，也吸引眾多顧客來捧場。連阿里山咖啡或東山咖啡，這些在地種植的咖啡，也都身價非凡。

正如同作者韓懷宗先生所說的，全球的咖啡時尚，從天天都要喝咖啡的第一波咖啡速食化，到星巴克引領重焙潮流的第二波咖啡精品化，終於來了反璞歸真的第三波咖啡美學化，這話說得真好！真希望在第三波咖啡美學化的新浪潮中，台灣能誕生一場真正的咖啡新文化！

《財訊雙週刊》發行人

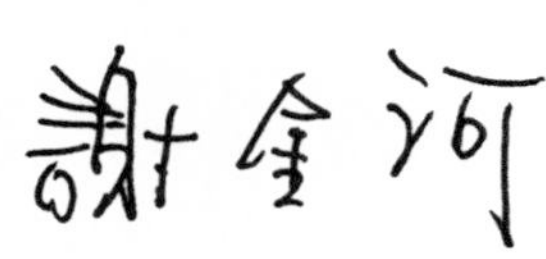

推薦序

令人難以自拔的精品咖啡全書

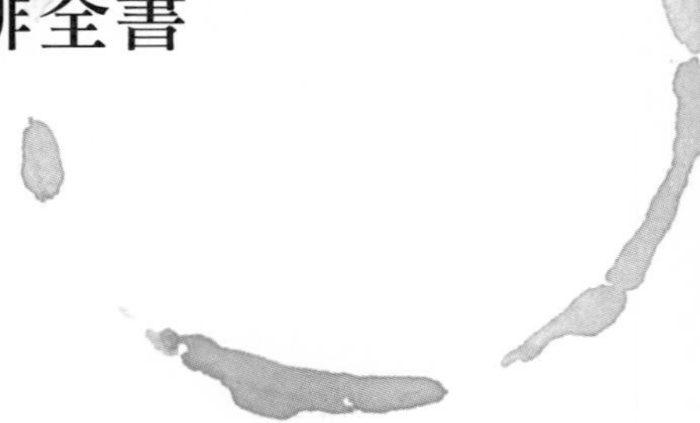

彷彿紮紮實實上了一整學期精品咖啡課！四十萬字，上下厚厚兩大冊專書，原本以為會是艱深板硬、需得咬牙苦吞的閱讀工程，沒料到卻是一路讀得入迷，拍案點頭頻頻。

身為飲食寫作者與研究者，只要某個飲食類別，或項目本身擁有廣博的知識學問講究，從產區莊園、氣候節令、品種工法……任一環節的不同，而在樣貌、色澤、香氣、滋味、口感、層次、餘韻，展現或絕大或精微的差異，便常能讓我為之耽戀沈溺、流連忘返。

茶如此、酒如此，精品咖啡當然亦如此。

不得不說，精品咖啡的世界委實太過浩瀚，從前端的產地、品種、工法，到後端的烘焙、沖煮、賞析，處處都是學不盡、理不清的龐雜門道；越是深入此中，越是如墮五里霧中、昏頭轉向難辨東西。

於是，益發歡喜著，能與《精品咖啡學》相遇。

作者以無比的毅力與雄心，從第三波精品咖啡之發軔與繁衍脈絡談起，簡直可說無一遺漏地，將這恢宏大千世界的每一角落體系族譜悉數撿拾囊括，細細耙梳編纂闡述釋疑。讀畢宛如醍醐灌頂，各種積累多年、或零星散落、或窒塞未明的疑念困惑，竟就此一一相互連結貫通。通體舒暢，獲益良多。

飲食旅遊作家．《Yilan美食生活玩家》網站創辦人

葉怡蘭 Yilan

開卷隨筆

走進精品咖啡的世界

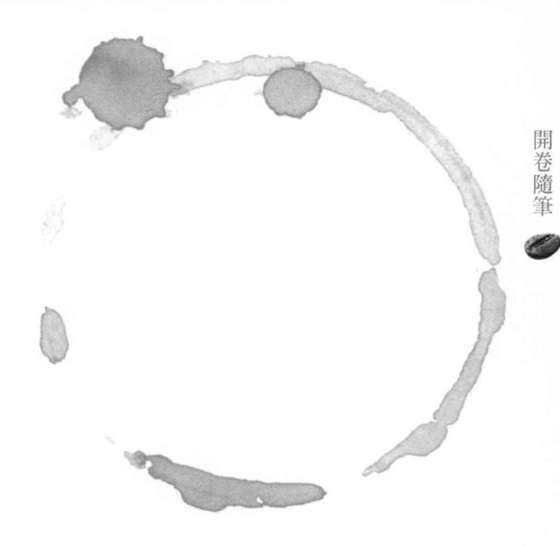

《精品咖啡學（上）：三波進化、產地尋奇與古今名種》，以及《精品咖啡學（下）：鑑賞、萃取與金杯準則》，是筆者繼1998年譯作《Starbucks：咖啡王國傳奇》、2000年譯作《咖啡萬歲》，以及2008年著作《咖啡學：秘史、精品豆與烘焙入門》之後，第四與第五本咖啡「雙胞胎」。

這兩本套書同時出版，實非吾所料。記得2009年5月，動筆寫Coffeeology二部曲的初衷，只想精簡為之，十萬字完書。孰料一發不可收拾，十萬字難以盡書精品咖啡新趨勢，索性追加到二十萬字，又不足以抒解內心對「第三波」咖啡美學的澎湃浪濤……

完稿日一延再延，直至2011年7月完成初稿，編輯幫我統計字數，竟然超出四十萬字，比我預期的字數多出三十多萬字，也比前作《咖啡學》厚了兩倍。

這麼「厚臉皮」的硬書怎麼辦？誰讀得動一本四十萬字的大部頭咖啡書？一般書籍約十萬字搞定，照理四十多萬字可分成四集出版，但我顧及整體性，又花不少時間整編為上下兩冊。

本套書的上冊，聚焦於精品咖啡的三波演化、產地尋奇與品種大觀。

我以兩章篇幅，盡數半世紀以來，全球精品咖啡的三大波演化，包括第一波的「咖啡速食化」、第二波的「咖啡精品化」以及第三波的「咖啡美學化」，並記述美國「第三波」的三大美學咖啡館與「第二波」龍頭星巴克，爾虞我詐的殊死戰。

另外，我以六章篇幅，詳述產地傳奇與最新資訊，包括扮豬吃老虎的台灣咖啡，以及搏命進亞齊的歷險記。我也參考葡萄酒的分類，將三大洲產地，區分為「精品咖啡溯源，舊世界古早味」、「新秀輩出，新世界改良味」、「藝伎雙嬌」和「量少質精，汪洋中海島味」，分層論述。

上冊的最後三章，獻給了我最感興趣的咖啡品種，包括「1300年的阿拉比卡大觀：族譜、品種、基因與遷徙歷史」、「鐵比卡、波旁，古今品種點將錄」以及「精品咖啡外一章，天然低因咖啡」。

我以地圖及編年紀事，鋪陳阿拉比卡底下最重要的兩大主幹品種：鐵比卡與波旁，如何在七世紀以後，從衣索匹亞擴散到葉門，進而移植到亞洲和中南美洲的傳播路徑。最後以點將錄來呈現古今名種的背景，並附錄全球十大最昂貴咖啡榜，以及全球十大風雲咖啡榜，為上冊譜下香醇句點。

本套書下冊，聚焦於鑑賞、萃取與金杯準則三大主題，我以十章逐一論述。

咖啡鑑賞部份，共有五章，以如何喝一杯咖啡開場，闡述香氣、滋味與口感的差異，如何運用鼻前嗅覺、鼻後嗅覺、味覺以及口腔的觸覺，鑑賞咖啡的千香萬味與滑順口感。第2章論述咖啡的魔鬼風味，以及如何辨認缺陷豆。第3章杯測概論，由我和考取SCAA「精品咖啡鑑定師」證照的黃緯綸，聯手合寫，探討如何以標準化流程為抽象的咖啡風味打分數。第4與第5章深入探討咖啡味譜圖，並提出我對咖啡風味輪的新解與詮釋。

第6章至第7章則詳述「金杯準則」的歷史與內容，探討咖啡風味的量化問題，並舉例如何換算濃度與萃出率。最佳濃度區間與最佳萃出率區間，交叉而成「金杯方矩」是為百味平衡的咖啡蜜點。

咖啡萃取實務則以長達三章的篇幅，詳述手沖、賽風等濾泡式咖啡的實用參數以及如何套用「金杯準則」的對照表，並輔以彩照，解析沖泡實務與流程，期使理論與實務相輔相成。

全書結語，回顧第三波的影響力，並前瞻第四波正在醞釀中。

咖啡美學，仰之彌高，鑽之彌堅。《精品咖啡學》上下冊，撰寫期間，遇到許多難題，本人由衷感謝海內外咖啡俊彥，鼎力相助，助吾早日完稿。

感謝碧利咖啡實業董事長黃重慶與總經理黃緯綸、印尼棉蘭Sidikaland咖啡出口公司總裁黃順成，總經理黃永鎮和保鏢阿龍，協助安排亞齊與曼特寧故鄉之旅。

感謝屏東咖啡園李松源牧師提供「醜得好美」的瑕疵豆照片，以及亘上實業李高明董事長招待的莊園巡訪。

感謝環球科技大學白如玲老師安排古坑莊園巡禮，感謝雲林農會總幹事謝淑亞的訪談，也恭禧她2011年高票當選斗六市市長。我還要感謝台大農藝學系研究所的郭重佑，提供咖啡學名寶貴意見。

更要感謝老婆容忍我日夜顛倒，熬了一千個夜，先苦後甘，完成四十多萬字的咖啡論述，但盼《精品咖啡學》上下冊，繼《咖啡學》之後，能為兩岸三地的咖啡文化，略盡棉薄。前作《咖啡學》簡體字版權，已於2011年簽給大陸的出版社。

最後以「咖啡萬歲，多喝無罪」，獻給天下以咖啡為志業的朋友，唯有熱情的喝，用心的喝，才能領悟豆言豆語，博大精深的天機！

謹誌於台北內湖　中華民國一〇〇年十二月十七日

目·錄

CONTENTS

目・錄

30 Chapter.10 如何泡出美味咖啡：賽風&聰明濾杯篇

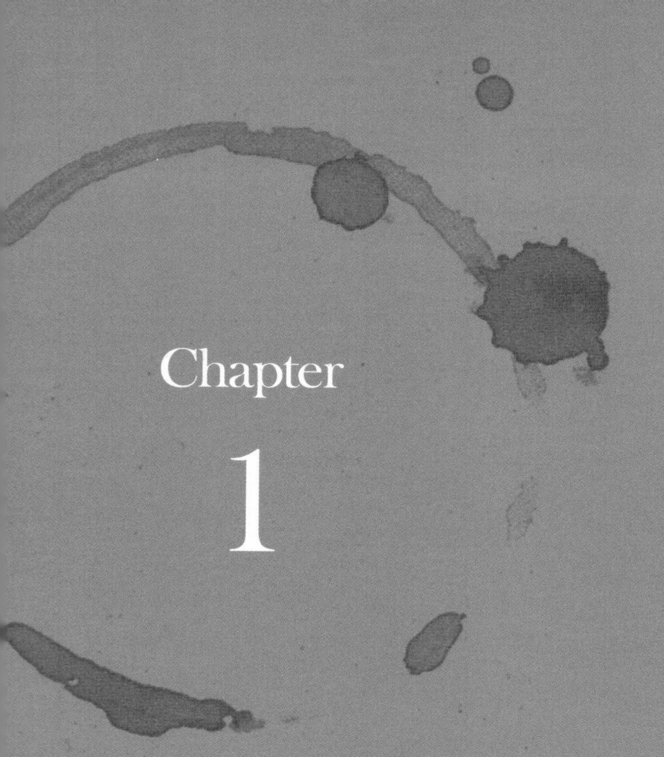

Chapter 1

從喝一杯咖啡開始：盡享千香萬味

嗅覺、味覺、觸覺、聽覺和視覺是人類五大感官，鑑賞一杯好咖啡，至少動用嗅覺、味覺與觸覺三大官能。科學家相信一杯黑咖啡至少含有一千多種成份，實驗室從咖啡分離出的化合物，至今已超出八百五十種，其中三分之一屬於芳香物，豐富度遠勝紅酒、香草、巧克力、杏仁和可可，堪稱人類最香醇的飲品。

如何善用天賦的感官，鑑賞滋味、香氣與口感在口鼻之間的曼妙舞姿，且論述如下。

從舌尖到鼻腔，賞盡奇香萬味

咖啡令人愉悅的風味，皆以香氣、滋味與口感呈現。鑑賞咖啡的揮發香氣，要靠嗅覺；水溶性滋味靠味覺；滑順口感靠舌齶的觸覺來感受。若能善用嗅覺、味覺與觸覺，品嘗每杯咖啡，神奇感官將帶你進入千香萬味的奇妙世界；若不善加開發，任其鈍化，喝咖啡無異暴殄天物。

任何一杯未調味的黑咖啡，只要淺嘗一口，即能感受到四大滋味「酸」、「甜」、「苦」、「鹹」立即浮現，其中的酸味主要來自咖啡的水溶性綠原酸、奎寧酸、檸檬酸、蘋果酸、葡萄酸（酒石酸）、醋酸、甲酸、乳酸、甘醇酸……等三十多種有機酸，以及無機的磷酸。但有機酸不耐火候，烘焙時大部份會被裂解，深焙豆的有機酸殘餘量較少，所以酸味低於淺焙豆。

咖啡的甜滋味主要來自「焦糖化反應」（碳水化合物的褐變）與「梅納反應」（碳水化合物與胺基酸結合）生成水溶性的甘甜物質。咖啡的苦滋味主要來自水溶性的綠原酸降解物、酚類以及蛋白質的碳化物。咖啡鹹滋味，則來自水溶性鈉、鋰、鉀、溴和碘的化合物。

不少人懷疑咖啡居然有鹹味，但用心品嘗，就會發覺咖啡的鹹因子無所不在，恰似用水稀釋，若隱若現的食鹽水滋味，印尼、印度的阿拉比卡，以及非洲的羅巴斯塔常有此味。另外，太濃或烘焙過度的咖啡，也容易彰顯咖啡的鹹味，重焙濃縮咖啡豆尤然。

鑑賞咖啡終究要喝入口，因此常讓人誤以為咖啡萬般風味盡在液化的滋味中，其實，酸、甜、苦、鹹水溶性滋味，只占咖啡整體風味一小部份而已，少了嗅覺香氣的互動與加持，咖啡喝來索然無香，充其量只有酸甜苦鹹四個單調滋味，有滋味卻無香氣。

同理，少了嗅覺的配合與運作，百香果、蘋果和水蜜桃，吃起來就剩下酸甜滋味，迷人的水果香氣全不見了，食慾肯定大受影響。因此，光靠舌頭的味覺是不夠的，還須有嗅覺的相乘效果，才能喝出咖啡或吃出水果的千香萬味。

口腔味覺：鑑賞咖啡的四種液化滋味

「滋味」＝液化物＝酸、甜、苦、鹹

在日益繁忙的社會，泡咖啡已成自我放鬆的生活方式，但要泡出一杯好咖啡，得先從如何喝咖啡學起。喝咖啡前，務必瞭解滋味、香氣與口感之別。

以科學的觀點來說，滋味指的是飲食中水溶性的風味分子，在口腔中被味蕾接收，由神經傳訊到大腦，而產生「酸」、「甜」、「苦」、「鹹」、「鮮」五大滋味模式。但咖啡和其他熟食相較，只有「酸」、「甜」、「苦」、「鹹」四種液化滋味，並不含第五種「鮮」滋味，因此鑑賞咖啡時，可剔除「鮮」味。

早在西元前350年，希臘哲學家亞里斯多德最先提到「甜味」與「苦味」是最基本的滋味。1901年德國科學家漢尼格（D.P. Hanig）破天荒發表一篇味覺研究報告，首度揭櫫人類的味蕾能夠嘗出「酸」、「甜」、「苦」、「鹹」四種滋味，人類對味覺研究總算踏出第一步。

基本上，舌尖對甜味最敏感，舌根對苦味最敏銳，舌兩側的前半段對鹹味最靈敏，舌兩側中後段對酸味最敏感。舌尖亦能嘗出苦味，只是對苦的敏銳度遠不如舌根。同理，舌兩側亦能嘗出甜味，但對甜味的敏感度遠不如舌尖。

雖然德國人早在一百多年前就發覺舌頭能嘗出「酸」、「甜」、「苦」、「鹹」四大滋味，但日本化學家池田菊苗於1908年，接著提出第五味「Umami」，也就是中國人講的「軒味」或「鮮味」，係來自蛋白質裡的麩胺酸鈉，日人因此發明了味精。但近百年來，歐美科學家並不接受「鮮」是第五大滋味，直到2002年科學家才在舌頭的味覺細胞找到麩胺酸鈉的受體（接收器），才證實「鮮」確實是第五味的事實。

目前歐美日科學家對味覺的五大滋味：「酸」、「甜」、「苦」、「鹹」、「鮮」有了共識，但近年法國科學家又提出若干證據，認為味覺亦能辨識脂肪滋味，建議將「脂」納入味覺的第六大滋味，但仍未獲共識。

味蕾多寡攸關味覺靈敏度

味覺受體主要分布在舌頭的味蕾裡，另有少部份在上齶、軟齶和咽喉部，一般人的味蕾數約九千至一萬個（註1）。有些人的味覺天生靈敏，但有些則遲鈍不靈，取決於味蕾數目多寡，科學家將味覺靈敏度分為三大類，最靈敏者的舌頭味蕾數，平均每平方公分多達四百二十五個，約占人口的25%；一般靈敏者的味蕾數，每平方公分有一百八十個，約占人口的50%；遲鈍者的味蕾數，每平方公分只有九十六個，約占人數的25%。有趣的是味蕾數常因性別、年齡與種族而異，基本上女性多於男性；少年多於老年；東方人、非洲人與南美洲人多於歐洲和美國人。

鼻腔雙向嗅覺：鑑賞萬千香氣

「香氣」＝ 揮發性芳香物＝乾香（Fragrance）＋濕香（Aroma）

所謂的香氣，用科學的說法解釋，為咖啡的氣化成分，以及儲藏油質裡的揮發性芳香物，在室溫下或加熱水後，揮散空氣中，由鼻腔的嗅覺細胞接收，傳訊到大腦所呈現的氣味模式。人類鼻腔約有一億個氣味接收體，雖比不上狗兒的十億個，但人鼻已能捕捉兩千至四千種不同氣味，對咖啡一千多種的氣化物，遊刃有餘。

Coffee Box

辣不是味覺

很多人誤以為「辣」也是味覺的一種，因為在口腔的感覺非常明顯，其實，就科學角度，辣是一種痛感，屬於口感而非味覺，因為辣椒裡的油質會在嘴裡產生灼熱的痛感，並不是滋味，而且辣油裡的氣化嗆香物會上揚進鼻腔，是嗅覺的一種，因此「辣」是口感（痛感）與嗅覺的合體，而非味覺。

註1：一般人的舌頭約有一萬個味蕾，每枚味蕾含50～100個味覺細胞。味蕾平均每兩周汰舊換新，但隨著年紀增長，更新速度變慢，老年人實際有功能的味蕾只剩五千個，對酸甜苦鹹的敏感度轉弱，因此老年人經常要添加更多調味料才覺夠味。飲食界的鑑味師，味蕾數或每枚味蕾的味覺細胞遠多於常人，對酸甜苦鹹鮮五味敏感度亦優於常人，這與遺傳有關。

常有人說，聞咖啡比喝咖啡更愉快過癮，此言不假，因為咖啡芳香物，大部份具有揮發性，可由嗅覺感受；另有一部份具有揮發性與水溶性，可由嗅覺與味覺感受；小部份具有水溶性，僅能由味覺感受。有些酸甜味的風味分子具有揮發性與水溶性，因此嗅覺味覺可享受得到；但是不討喜的苦鹹滋味，屬於水溶性，不具揮發性，只有味覺感受得到，換言之，嗅覺聞不到苦味與鹹味，難怪「聞咖啡」會比「喝咖啡」更愉快，不少人寧可聞咖啡也不想喝咖啡，無非是要規避咖啡的苦滋味。

雖然鑑賞咖啡需靠嗅覺、味覺與口感各司其職，相輔相成，才能建構完整的感官世界，但人體感官偵測風味的雷達幕大小，依序為嗅覺＞味覺＞口感。

SCAA麾下的咖啡品質研究學會（Coffee Quality Institute）執行理事長，同時也是《咖啡杯測員手冊》（The Coffee Cuppers' Handbook）作者泰德．林哥（Ted Lingle）表示：「杯測員從三杯咖啡辨識出其中不同的一杯，靠鼻子判定香氣的不同，成功率高達80%，其次是靠舌頭判定滋味的不同，成功率達50%，最後是靠上顎與舌頭分辨口感的不同，成功率達20%。」

嗅覺辨識的寬廣度與準確度超乎味覺與口感，因為嗅覺是唯一具有雙向功能的感官，鼻子可嗅出體外世界的氣味，也就是「鼻前嗅覺」（Orthonasal olfactory），但口腔內亦可「嗅出」吃進嘴裡飲食的氣味，也就是「鼻後嗅覺」（Retronasal olfactory）。杯測師或品酒師除了使用鼻前嗅覺外，更擅長鼻後嗅覺，以完成測味大任。

咖啡具有揮發性的焦糖香、奶油香、酸香、花香、水果香、草本香、堅果香、穀物味、樹脂香、酒香、香料味、焦嗆、土味、柴木、藥水味……等氣化成份，皆由鼻前嗅覺與鼻後嗅覺呈現。但兩者對香氣辨識度以及所引發的興奮度不盡相同，在鑑賞咖啡香氣前，務必先明瞭鼻前與鼻後嗅覺的區別，才能事半功倍。

鼻前嗅覺，辨識力強——乾香與濕香

「鼻前嗅覺」是指直接吸氣入鼻腔，嗅覺可感受到外部世界的氣味。以咖啡而言，有一部份高度揮發性的芳香物在研磨時最先釋出，包括酸香、花香、柑橘香、草本香……等；接著是中度揮發物飄散出來，包括焦糖香、巧克力、奶油香和穀物香……等；最後才輪到低揮發性成份，包括辛香、樹脂、杉木、嗆香和焦味……等。

這些在室溫下未與熱水接觸即可氣化的成份由鼻子吸入，呈現的氣化味譜叫做「乾香」。

但有些芳香物在室溫下無法氣化，需在高溫下才能揮發，也就是咖啡粉與熱水接觸時，還會催出其他氣化物，而呈現另一層次的氣化味譜，是為「濕香」，包括酸甜香、太妃糖香、水果香、麥茶香、木屑味、酸敗味、油耗味、焦油味……等。

簡單的說，鼻前嗅覺就是感受鼻腔吸入「乾香」與「濕香」的氣化味譜。我們對體外世界的氣味，全靠鼻前嗅覺辨識。

鼻後嗅覺，興奮度高——口腔精油氣化香

別忘了人類還有另一天賦——「鼻後嗅覺」，又稱「第二嗅覺途徑」，也就是口腔裡的嗅覺。

鼻前嗅覺是鼻子吸入外部世界的氣化物，而鼻後嗅覺則反過來，以呼氣出鼻腔，感受體內也就是口腔飲食的氣味。飲食入口後，經唾液催化，藏在油脂裡的氣化分子釋出，透過口腔後面的鼻咽管道，逆向進鼻腔，也就是走

後門入鼻腔所呈現的氣味模式，由於氣化物是在口腔釋出，很容易誤認為是舌頭嘗出的味道，實則是鼻後嗅覺的功勞。

譬如我們喝葉門摩卡或衣索匹亞日曬豆，入口後濃郁的花果、焦糖香氣，很多人誤以為是味蕾嘗到的水果甜香味，實則是日曬豆所含精油，在口腔裡釋出酯類或醛類化合物的香氣，從口腔後面的鼻咽管道上揚進鼻腔，是典型的鼻後嗅覺而非水溶性的味覺。

咖啡的焦糖香、巧克力香、辛香、莓果香、土腥味與木頭味也能由鼻後嗅覺，鮮明呈現，亦是濕香的一種。

美國耶魯大學、德國德勒斯登大學等研究機構，2005年合寫的研究報告《人類鼻前與鼻後嗅覺誘發的不同神經反應》（Differential Neural Responses Evoked by Orthonasal versus Retronasal Odorant Perception in Humans）一文指出，鼻前與鼻後嗅覺對香氣的反應並不相同，基本上，鼻前嗅覺比鼻後嗅覺更靈敏且對氣味的感受強度更高。

而鼻後嗅覺似乎只對人類飲食的氣味有反應，較能辨識食物的氣味，而且誘發的興奮度也明顯高於鼻前嗅覺，甜香尤然。研究人員以巧克力、焦糖與薰衣草氣味，置於鼻前，另以相同香氣導入鼻咽部，測試鼻前與鼻後嗅覺所引發的神經興奮度反應，結果發覺鼻後嗅覺引發的愉悅感，明顯高於鼻前嗅覺。

此研究結論與吾人鑑賞咖啡的經驗不謀而合，當我們用鼻子聞咖啡的「乾香」與「濕香」，很容易嗅出焦糖與花果香，但一下子就消失了，無足驚喜。一旦喝入口幾秒後，舌兩側的果酸味，到了鼻咽部羽化為鮮明的焦糖或水果香氣，縈繞鼻腔久久不去，情緒跟著亢奮起來，久久不能自已，這就是鼻後嗅覺引發的香氣振幅與喜悅感，是精品咖啡常有的感官享受，也是玩家常說的上揚鼻腔香。

有趣的是，筆者授課時，發覺學員的鼻前嗅覺多半很靈敏，但到了體驗鼻後嗅覺，就有很多學生感到沮喪，屢試不靈，但多試幾回，感受到回氣鼻腔的焦糖花果香氣，雀躍不已，好像中大獎或發現了新大陸。鼻後嗅覺一旦開發出來，就能體驗更多層次的香變，提升喝咖啡樂趣。下圖是嗅覺官能表，有助明瞭鼻前與鼻後嗅覺的區別。

圖 1 — 1　鼻前與鼻後嗅覺比較表

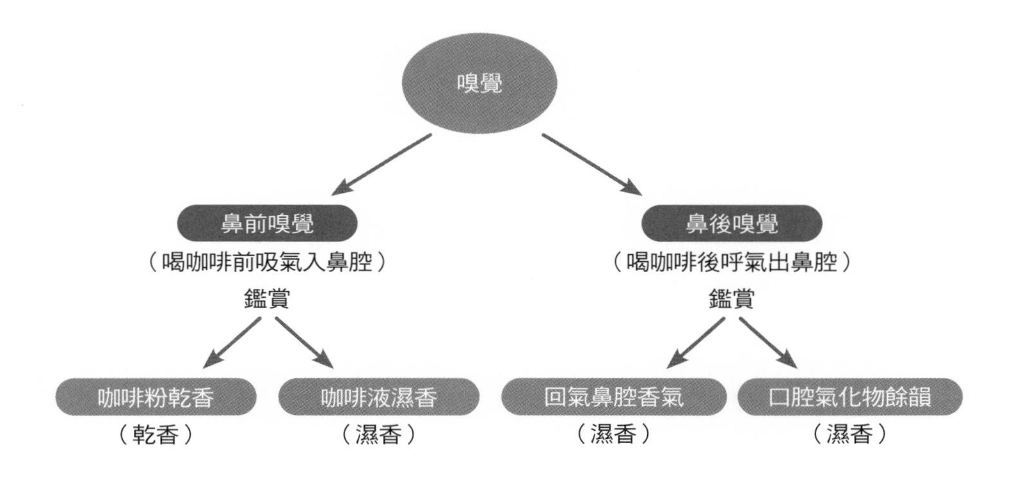

閉口體驗鼻後嗅覺

筆者發覺很多人喝咖啡大半輩子，還不知如何運用鼻後嗅覺來提升樂趣，導因於喝咖啡聊是非的積習難改，要知道口腔裡的氣化物從鼻咽部繞道上揚到鼻腔的距離較遠，不像鼻前嗅覺那麼容易直接入鼻腔，因此嘴裡的氣化物常在開口講話時消失了，難怪不易體驗到鼻後嗅覺。所以咖啡喝入口後，切忌開口抬槓，閉嘴徐徐呼氣出鼻腔，就很容易體驗到鼻後嗅覺帶來的喜悅感。

不論鼻前或鼻後嗅覺，貴在氣體順暢進出鼻腔，嗅覺細胞才能接收到氣味分子，如果捏住鼻子，會發覺香氣突然不見了，甚至會影響到味覺，因為氣味分子無法進出鼻腔。另外，我們感冒時嗅覺會失靈，這是鼻塞造成氣化分子無法順暢進出鼻腔，鼻後嗅覺接收不到口腔釋出的食物香氣，嗅覺一旦失靈，吃進的食物就只有酸甜苦鹹四味，香氣出不來，同時抑制了味覺靈敏度。

品酒與抽雪茄也得使用鼻後嗅覺提高樂趣，你可問看看雪茄迷，煙從口中吐出與從鼻腔呼出，那種方式較快活？答案肯定是從鼻腔呼出更過癮，這就是鼻後嗅覺「走後門」，所引發的額外快感。

●●●

口感：入口的滑順感與澀感

「口感」＝滑順感（油質、纖維質）＋澀感（多酚類）

鑑賞咖啡除了運用嗅覺與味覺外，還需動用口腔的觸覺，感受無香無味的口感，也就是咖啡的厚薄感與澀感。

厚薄感（Body）又稱黏稠感、厚實感或滑順感，主要由不溶於水的咖啡油質與纖維質，營造的口感，含量愈多，咖啡在口中的黏稠感或滑順感愈明顯。

澀感恰好與滑順感相反，係多酚化合物（註2）在口中營造的粗糙口感。澀是一種觸感或痛感，但很多人誤以為無香無味的澀，是滋味的一種，故以澀味稱之，這是很不專業的說法。要知道澀是一種不滑順的觸感，與滋味無關。澀感與滑順感是咖啡兩大口感，澀感在杯測過程是會被扣分的，而滑順感則會加分。

咖啡的脊椎：Body

咖啡的滑順與厚薄口感，主要是油質結合蛋白質、纖維質等不溶於水的微小懸浮物，形成的膠質體，在口腔所產生的一種奇妙觸感。

滑順感在各種萃取法中的強度依序為：
濃縮咖啡 > 法式濾壓壺 > 濾布手沖(或虹吸壺) > 濾紙手沖。

濃縮咖啡以九大氣壓萃取出大量咖啡油質與微細纖維質，營造出如奶油的黏稠口感。而濾布手沖的滑順感，優於濾紙手沖，因為濾布纖維的空隙較大，咖啡膠質體不易被濾掉。然而濾紙纖維的間隙極微，足以擋掉大部分的膠質，只有最微小的膠質分子，能穿透濾紙，因此厚實感比起濾布較為遜色。

對剛喝咖啡的人而言，滑順感似乎有點抽象，初學者不妨以舌頭滑過上顎與口腔，很容易感受到如絲綢、絨毛般的咖啡油質在口腔滑動，略帶油膩、沈重與黏稠，是很有趣的觸感，我認為瓜地馬拉知名的接枝莊園（El Injerto）所產的帕卡瑪拉（Pacamara），最容易體驗油膩的滑順感。筆者有些學生體會到滑順感的樂趣後，對泡咖啡的口感要求，逐漸高於對香氣與滋味的要求，這是個有趣現象。

黑咖啡有了黏稠感或滑順感，猶如有了龍骨或脊椎，才撐得起香氣與滋味的襯托，少了「Body」的咖啡，如同得了軟骨症的人，再俊美亦枉然。

基本上，日曬豆、陳年豆、印度風漬豆、帕卡瑪拉、肯亞S28以及印尼濕刨法的曼特寧，黏稠感最佳，也較經得起牛奶的稀釋，不易被奶味蓋住，黏稠度差的咖啡，如牙買加藍山、古巴、墨西哥，加奶後就失去咖啡味了。

註2：植物含量最多的前四大化學成分依序為，纖維素、半纖維素、木質素和多酚類。多酚是植物抵禦紫外線的武器，也是植物色澤的來源。綠原酸、單寧酸、兒茶素和黃酮素都是多酚類。

魔鬼的尾巴：澀感

咖啡的油脂與膠質體在口腔營造滑順的口感，但咖啡的多酚化合物會產生粗糙的澀感。雖然澀感是葡萄酒重要口感，但咖啡有了澀感，猶如長了一條醜陋的魔鬼尾巴，在口腔裡撒野，製造不痛快。

葡萄酒的澀感來自葡萄皮與葡萄籽的「單寧酸」，因此很多人誤以為咖啡的澀感也是單寧酸惹的禍，非也。根據最新研究，咖啡豆幾乎不含單寧酸，單寧酸僅微量存在咖啡果皮內（註3）。黑咖啡的澀感主要來自生豆所含「綠原酸」（chlorogenic acid）在烘焙過程，降解為「二咖啡酰奎寧酸」（Dicaffeoylquinic acid），它是酸苦澀的礙口物質，卻是強效抗氧化物，最近科學家發現「二咖啡酰奎寧酸」是治療愛滋病與肝炎的良藥。另外，咖啡豆也含有「酒石酸」（tartaric acid）亦稱「葡萄酸」，也是造成澀感的成份。「二咖啡酰奎寧酸」、「單寧酸」與「酒石酸」都是植物酚的一種，雖然分子結構很接近，卻是不同的成份。專業的咖啡機構已不再稱「單寧酸」是造成咖啡澀感的元凶，因為黑咖啡含量較多的是「二咖啡酰奎寧酸」而非「單寧酸」。

註3：根據M. N. Clifford與J. R. Ramirez-Martinez合寫的研究報告「水洗法咖啡豆與咖啡果皮的單寧酸」（Tannins in wet-processed coffee beans and coffee pulp）指出，生豆並不含單寧酸，過去有若干報告指出單寧酸存在咖啡的果皮裡，但兩人的研究卻發現，咖啡果皮僅含微量的水溶性單寧酸，只占果皮重量1%。但咖啡果皮所含的非水溶性單寧酸較多。

澀不是滋味而是口感，葡萄酒的澀感是因為單寧酸很容易和唾液潤滑口腔的蛋白質鍵結（凝結成團），而失去潤滑作用，產生粗糙的皺褶口感，另外，單寧酸也容易和口腔上皮組織鍵結，造成澀感。喝茶也常有澀感出現，因為茶葉含有茶丹寧亦會產生澀感。黑咖啡的「二咖啡酰奎寧酸」也會凝結唾液的潤滑蛋白質，在上皮組織產生皺褶的澀感。

有趣的是，咖啡澀感的機制更為複雜，每杯咖啡或多或少，都含有「二咖啡酰奎寧酸」或「酒石酸」，但是好咖啡喝來卻無澀感，這是因為咖啡所含的糖分較高，中和了澀感，如果黑咖啡所含的「二咖啡酰奎寧酸」、「酒石酸」和鹹味成份（鈉、鋰、鉀、溴、碘）較多，且糖分太少，就很容易凸顯不適的澀感。因此喝到會澀的黑咖啡，加點糖可以中和澀感。加牛奶亦有「調虎離山」神效，因為「二咖啡酰奎寧酸」會轉移目標，與牛奶的蛋白質鍵結，而不致破壞唾液裡的潤滑蛋白質。

澀感是品質警訊

咖啡的澀感與烘焙方式和生豆品質，皆有關係。大火快炒，不到8分鐘急著出爐的淺中焙，容易有澀感和金屬味。至於火力正常，10～12分鐘出爐的咖啡，較不易有澀感，因為反常的快炒易衍生更多的二咖啡酰奎寧酸。另外，生豆品質不佳，尤其是發育未成熟的咖啡豆，含有高濃度的綠原酸，也是澀感的元凶。如果你的生豆是精品級，照講糖分含量較高，不致有澀感，如果澀感仍像惡魔陰影揮之不去，那可能要修正烘焙方式，淺焙的火候不要太急太快，會很有幫助。此外，瑕疵豆或未熟豆太多，也很容易有澀感，挑除乾淨可減少澀感的出現。

澀感與咖啡物種也有關係，基本上阿拉比卡的澀感不如羅巴斯塔明顯，因為阿拉比卡的綠原酸只占豆重的5.5～8%，但羅巴斯塔的綠原酸高占豆重的7～10%，因此烘焙後會產生較多的「二咖啡酰奎寧酸」。總之，澀感並不是精品咖啡應有的口感，不妨視為咖啡品質的警訊，從調整烘焙方式並剔除未熟豆和瑕疵豆，雙管齊下，應可揮別澀感的夢魘。

如何鑑賞咖啡的整體風味

從以上論述，可了解一杯咖啡的整體風味，是由水溶性滋味、揮發性香氣以及無香無味的口感，建構而成，經由味覺，嗅覺與觸覺三大官能一起鑑賞。可簡單寫成以下風味方程式：

風味（Flavors）

＝揮發香氣（Gases）＋水溶性滋味（Tastes）
＋口感（Mouthfeel）

＝（乾香與濕香）＋（酸甜苦鹹）＋（滑順感與澀感）

＝鼻前與鼻後嗅覺＋口腔味覺＋口腔觸覺

如何有效率鑑賞咖啡整體風味？可歸納為六大步驟：

1.研磨咖啡賞乾香（氣化物）
2.沖泡咖啡賞濕香（氣化物）
3.咖啡入口賞滋味（液化物）
4.舌齶互動賞口感（液化物）
5.閉口回氣賞甜香（氣化物）
6.咀嚼回氣賞餘韻（氣化與液化物）

換言之，鑑賞精品咖啡不能操之過急，需秉持慢食運動的耐性，從研磨的乾香賞起，直到最後的餘韻，循序體驗六大風味層次。

忽遠忽近賞香氣

鑑賞風味的第一層次，從研磨咖啡開始。此時揮發性芳香物大量釋出，鑑賞咖啡粉的乾香，最好使用「忽遠忽近法」，也就是不時變換鼻子與咖啡粉的距離，先遠後近或先近後遠皆可。

因為分子量最輕的花草水果酸香味，即杯測界慣稱的「酵素作用」風味（註4），具高度揮發性會最先釋出；接著釋出中分子量的焦糖、堅果、巧克力和杏仁味，但飄散距離比前者低分子量更短，所以要稍靠近點；最後是高分子量的松脂味、硫醇以及焦香冒出，由於分子最重，飄香最短，這些氣味多半是中深焙才有，需將臉鼻貼近咖啡粉上方，較易捕捉。鑑賞咖啡時，常變換鼻子與咖啡粉距離，較能聞到低、中、高分子量的多元香氣。

然而，有些揮發性芳香物無法在室溫下氣化，需以高溫的熱水沖煮，才能釋出香氣，此乃泡煮咖啡的濕香，也就是鑑賞咖啡風味的第二層次。

鑑賞時，同樣採取遠近交互的方式聞香。此時，咖啡的花果酸香、焦糖香，以及瑕疵的藥水味、碳化味、木頭味和土味，在濕香的表現上，會比乾香更明顯易察覺。

四味互動賞滋味

乾香與濕香屬於揮發性香氣，至於咖啡沖煮後的水溶性滋味如何，也就是風味的第三層次，需靠舌頭味蕾來捕捉。

咖啡入口，味蕾的酸甜苦鹹受體細胞，立即捕捉水溶性風味分子，原則上舌頭各區域均能感受咖啡的四種滋味，但舌尖對甜味、兩側對酸與鹹、舌根對苦味較為敏感。此四味相互牽制與競合，一味太凸出，會抑制或加持其他滋味的表現，甚至撈過界影響到口感。

註4：並非所有精品豆都聞得到花草水果酸香味，唯有栽種環境佳、品種優，咖啡豆發育階段的「酵素作用」非常旺盛，才能儲存大量酯類、醛類和萜類揮發性成分或有機酸。否則不易聞到令人愉悅的上揚花果味。

比方說鹹味成分太高，遇到酸性物，會放大澀感，但微鹹遇到甜味，則鹹味被抑制，變得溫和順口，而且鹹味有時也會與苦味相互抵消，有業者喜歡在咖啡加鹽巴，就是要抑制苦味。另外，酸味和甜味會引出精緻的水果滋味。咖啡四味的互補與互抑，相當有趣。

原則上，酸味與甜味是精品咖啡的優質成分；鹹味與苦味則為負面成分，但兩者有時也會相互抵消而做出貢獻。

舌齶並用賞口感

咖啡入口後，除了感受酸甜苦鹹的滋味外，還需用舌頭來回滑過口腔與上齶，感受無香無味的滑順感與澀感，也就是風味的第四層次。

基本上，黏稠度愈明顯，咖啡在口腔的滑順感愈佳，此乃咖啡油脂、蛋白質與纖維等懸浮物營造的愉悅口感。至於澀感則是討人厭的口感，最新研究發現咖啡的澀感並非單寧酸造成，而是咖啡所含的綠原酸，經烘焙產生的苦澀降解物——「二咖啡醯奎寧酸」造成的。

採摘太多的未熟咖啡果子，或淺焙時太急太快，咖啡很容易出現不討好的澀感。一般而言，擅長花果酸香味的水洗衣索匹亞，黏稠度稍差，但悶香或苦香調的印尼和印度豆，往往有較佳的黏稠口感。另外，中深焙咖啡的Body也優於淺焙豆，這與中深焙更容易萃出較多油質與纖維有關。

滑順感令人愉悅，但澀感令人不爽，這是咖啡兩大對立口感。如果你泡的咖啡滑順醇厚，為你鼓掌，如果澀感明顯，就該檢討。

閉口回氣賞甜香

一般人咖啡喝入口，感受咖啡四種滋味與黏稠感後，一口吞下了事，但老手或杯測師喝咖啡，可講究多了，在吞下前和吞下後，會多一道閉口回氣的動作，也就是徐徐呼氣出鼻腔，多感受幾回淺焙上揚的酸香與焦糖香，或深焙上揚的松脂與硫醇嗆香，以體驗鼻腔香氣，這就是風味的第五層次。

因為咖啡泡好後，有許多油溶性芳香分子，困在咖啡油脂中並懸浮在咖啡液裡，這些成分不溶於水，味蕾無法捕捉，故不能形成滋味，一直到咖啡喝入口，這些揮發性成分才脫離油脂，在口腔裡釋放出來，再透過閉口回氣，從鼻咽部進入鼻腔，由嗅覺細胞捕捉香氣。善用閉口回氣技巧或鼻後嗅覺，很容易鑑賞到更豐美的香氣，尤其是鼻腔的焦糖甜香，更是迷人。

咀嚼回氣賞餘韻

咖啡吞下回氣後，如能持續咀嚼與回氣鼻腔，很容易感受到香氣與滋味隨著時間而變化，構成風味第六層次的口鼻留香餘韻。

咖啡生豆的前驅芳香物豐富，但仍需烘焙得法，才能彰顯回味無窮的餘韻。比方說，Intelligentsia的黑貓綜合豆（Black Cat）以濃縮咖啡一口喝下，直搗鼻腔的焦糖香，源源不絕，可持續數分鐘，令人口鼻留香。但如果瑕疵豆太多，很容易殘留過多酸澀苦鹹的礙口物在味蕾上，而有不好的餘韻，喝下一口，好像黏在舌上，久久不去，令人作嘔。

一口黑咖啡、一口冰牛奶

最後分享一個經驗，如果你習慣喝牛奶加咖啡，可嘗試將黑咖啡與冰牛奶分開來喝，會有意想不到的味覺震撼，先喝一口不加糖的熱咖啡，吞下後再喝一口冰牛奶，會驚覺牛奶的甜味與乳酪香氣大增，遠比兩者混合後再喝更有風味。喝一口澀澀的羅巴斯塔黑咖啡，配一口冰牛奶，增甜提醇的效果會比阿拉比卡更佳，這就是「對味」的特效，相當有趣，值得一試。

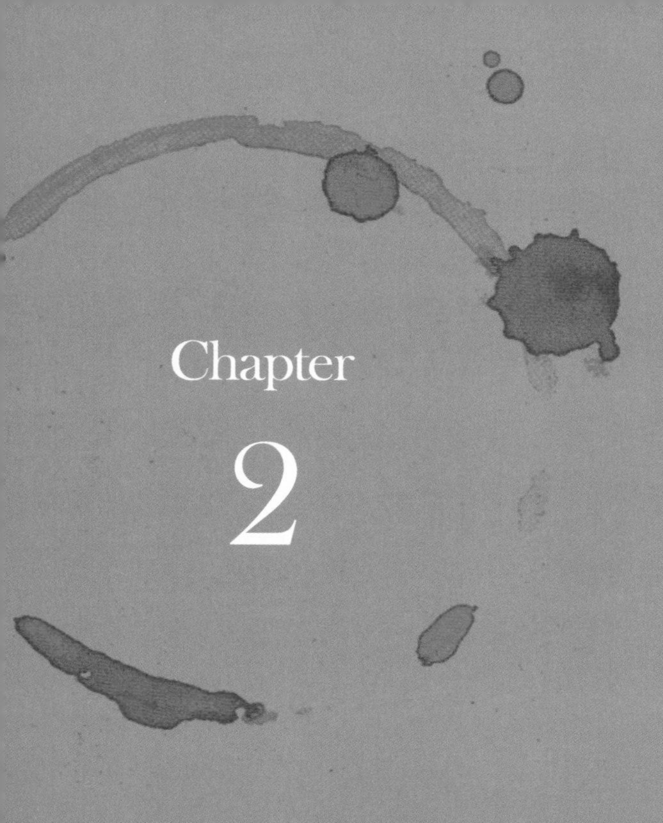

Chapter 2

瑕疵豆與缺陷味 認識咖啡的魔鬼風味：

喝慣精品咖啡寵壞味蕾的老饕，很難相信咖啡居然有獸騷味、爛水果味、漂白水味、碘酒味、酸敗味、馬鈴薯味、土腥味、朽木味和揮之不去的雜苦味。

不要懷疑，只要蒐集生豆裡的黑色豆、褐色豆、白斑豆、綠斑豆、半綠半黑豆、發霉豆、未熟豆、缺損豆、酸豆、蟲蛀豆和畸形豆，一起烘焙，再與瑕疵豆剔除乾淨的精品咖啡，並列杯測，即使神經大條，感官遲鈍的人，也能輕易喝出魔鬼與天使的分野。

瑕疵豆知多少？

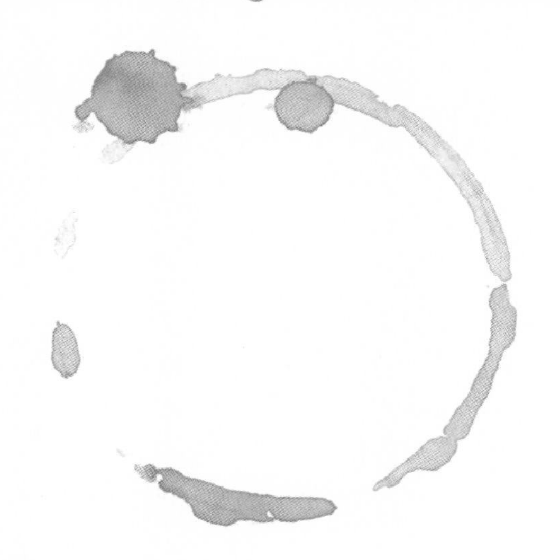

基本上，健康咖啡樹所產的種子取出後，經水洗、日曬、發酵、乾燥和去殼，整個後製過程無缺陷，豆色應為藍綠、淺綠或黃綠色，這都是健康又美味的色澤。

水洗與半水洗的豆色偏藍綠或淡綠，日曬豆偏黃綠，如果出現其他礙眼的色澤或斑點，即為瑕疵豆警訊。因為咖啡豆的前驅芳香成份——蛋白質、脂肪、蔗糖、胡蘆巴鹼與有機酸……氧化了或遭黴菌、真菌侵蝕，豆色才會怪異，既然化學組成變質了，咖啡的色香味也不會好，喝下去可能有損健康。

健康咖啡生豆在顯微鏡下，各細胞內幾乎滿載脂肪、蛋白質等前驅芳香成分，但未熟豆或遭細菌入侵的瑕疵豆，各細胞壁內的養分已呈空洞狀或殘缺不全，也就是前驅芳香物消失殆盡，不可能泡出千香萬味的好咖啡。

咖啡產國出口前，會按照品管流程，篩除嚴重瑕疵豆，先以昂貴光學儀器剔除異色豆，接著再以人工挑除瑕疵豆，以免爛豆太多影響咖啡好味道。最新研究亦指出，瑕疵豆的前驅芳香物，已遭氧化，含量明顯低於正常咖啡豆，但是咖啡豆天然的苦澀物——「綠原酸」與「咖啡因」並不會因瑕疵豆的氧化而減少，也就是說，瑕疵豆的前驅芳香物減少了，但苦澀物卻不減反增，會有濃烈的苦味。

咖啡玩家都知道，瑕疵豆無所不在，即使精品級生豆，也可輕易挑出漏網的瑕疵品。無所不在的瑕疵豆，是精品咖啡最大夢魘。印度每年被淘汰而無法出口的爛豆，約占年產量的15%～20%，巴西更高達20%以上，近年各產國的瑕疵豆問題，有愈演愈烈之勢。

全球年產一百多萬噸瑕疵豆

為何瑕疵豆愈來愈多？這與全球暖化，天災蟲禍加劇有直接關係。加上咖啡生產鏈遠比其他作物更為複雜，瑕疵豆比率有逐年升高之勢。咖啡從栽培、施肥、灌溉、採摘、去皮、發酵、乾燥、去殼、運送等後製處理到儲存過程，都是變數，稍有不慎就會變質淪為爛豆。

生產鏈有多複雜？同一枝幹的咖啡果子不會同時成熟，有些熟透的果子已掉落地面，另有些則青澀未熟，徒增採摘困難。摘下的熟果子要立即運往處理廠，稍有拖延就會發酵過度而酸敗。即使在最短時間內送抵處理廠，去果皮後導入水洗槽進行發酵，脫去豆殼上黏黏的果膠層，但發酵時間太長，也會酸臭。接下來從發酵池取出帶殼豆，沖洗乾淨，拿到戶外曝曬乾燥，也是一大變數，需採漸進式脫乾，乾燥太快，豆殼迸裂，乾燥太慢豆子受潮，會招黴菌入侵。

咖啡農必須忍痛挑除受潮、染菌或發霉的帶殼豆，接著把無瑕疵的帶殼豆入庫熟成，最後再以去殼機磨去種殼，但若機子沒校準好，亦會刮傷咖啡豆，而感染黴菌。就連出口運送過程也危機四伏，咖啡豆的蛋白質與脂肪，常因倉庫或船艙的濕度與溫度太高，或周遭有污染物而變質腐敗……足見咖啡豆的生產鏈，從上游到下游，必須過五關斬六將，天助自助加上好運氣，才能產出藍綠色的零瑕疵豆。

根據國際咖啡組織（ICO）統計，2009年全球生產119,894,000袋生豆，每袋60公斤計，共生產了7,193,640公噸生豆，如以公認的20%瑕疵率來算（有偏低之嫌），09年全球的瑕疵咖啡豆至少有1,438,728公噸。

如何解讀此數目？2009年世界第二大咖啡產國越南，也不過生產1,080,000噸生豆。換言之，全球的瑕疵豆年產量，已超出越南咖啡年產量。即使頂級藍山或柯娜，也常見蟲蛀豆或異色豆。由於咖啡製程，變數充斥，瑕疵豆淹腳目在所難免，精品業者只有面對它、挑除它、丟掉它，除此之外，別無他途。

瑕疵豆轉攻低價配方豆

全球最大咖啡產國兼第二大咖啡消費國巴西，近年開始重視瑕疵豆的危害與耗損問題，據巴西公布資料顯示，每年被淘汰而無法出口的瑕疵豆，約占總產量20%，大約八百萬袋，共四十八萬公噸。有趣的是，這批無法出口的爛豆，如果全是好豆，以台灣每年消費兩萬五千公噸咖啡計算，至少可喝上十九年。

根據財政部關稅總局資料，民國99年度，我國進口的生豆、熟豆及咖啡萃取物總量達 25,084,740公斤（不含咖啡替代物與乳化劑）。也就是說，巴西瑕疵豆年產量是我國每年咖啡消費量的19倍，令人咋舌（註1）。

註1：全球年產一百多萬噸瑕疵豆何去何從？由產國自行消費或賤價轉賣給即溶咖啡廠，生產低價三合一咖啡？這是值得深思的問題。為了自己的健康，還是選購零瑕疵精品咖啡，才是王道。

悲哀的是，巴西無法出口的爛豆卻轉內銷，悉數供應巴西國內市場，也就是巴西慣稱的「PVA豆」；葡萄牙文「Pretos」是指腐敗的黑色豆，「Verdes」指未熟豆，「Ardidos」指發酵過度的酸臭豆。因此，巴西對瑕疵豆的定義為：發霉的黑色豆、發育不良的未熟豆，以及發酵過度的酸臭豆。

過去，巴西業者的廉價綜合配方豆裡，好豆不到50%，另外50%則以PVA爛豆充數，消費者不明就裡喝下肚。雖然至今仍無法證明PVA豆確實有害健康，但已嚴重影響咖啡風味，難怪巴西街頭販售的「小咖啡」（Cafezinho）一定要加很多糖才能入口，喝咖啡不加糖，在巴西被視為野蠻人！

2004年巴西咖啡協會（Brazilian Association of Coffee Industries，簡稱ABIC）推動「好咖啡計劃」（Program Of Quality Coffee，簡稱PQC）大力宣導民眾多喝好咖啡，並要求業者自律，儘量少用瑕疵豆，還規範綜合咖啡添加的PVA豆，最多不得超過20%，以免喝太多而危及民眾健康。這不禁讓人擔心，台灣廉價的三合一或綜合咖啡豆，裡頭到底添加多少瑕疵豆，巴西當局已正視此問題，台灣呢？

瑕疵豆的氣味與成分

近年巴西科學家不遺餘力研究PVA豆，並以「電子鼻」，也就是氣相層析質譜儀（Gas Chromatography-Mass Spectrometry）檢測瑕疵豆的氣味，終於歸納出PVA豆可供辨識的揮發性成份，讓精品業者對瑕疵豆有進一步認識。

巴西坎畢納斯大學（Universidade Estadual de Campinas）科學家指出，顏色正常的零瑕疵生豆，散發著青草、水果及甘蔗的清甜香氣。生豆悅人的香酯與香醛成份，一旦變質或氧化後，成了瑕疵豆，其「體味」既雜且嗆。

根據「電子鼻」歸納結果，未烘焙的瑕疵豆，明顯比正常豆多了十幾種「嗆鼻」揮發氣味，包括2,3,5,6四甲基吡嗪（2,3,5,6-tetramethylpyrazine）、羊油酸（Hexanoic acid，亦稱已酸）、丁內酯（butyrolactone）、二甲基吡嗪（2-methylpyrazine）、二甲基丙醛（2-metilpropanal）、3-羥基-2-丁酮

（3-hydroxy-2-butanone）、三甲基丁醛（3-methylbutanal）、二甲基丁醛（2-methylbutanal）、已醛（Hexanal）, 癸酸乙酯（Ethyl decanoate）、異丁醇（Ethyl-isobutanol）、丁醇（1-butanol）、醋酸異戊酯（Isoamyl-acetate）、醋酸異丁酯（Isobutyl-acetate）、1- 基-2-丁酮（1-hydroxy-2-butanone）、醋酸已酯（n-hexyl-acetate）等。

然而，這些氣體多半未達人類嗅覺能辨識的最低濃度門檻，因此人鼻未必能聞出端倪，但對靈敏的「電子鼻」而言，卻是百味雜陳，臭味燻天。

至於烘焙好的瑕疵豆，也有特殊「體味」，在「電子鼻」前露了餡，瑕疵熟豆比正常熟豆至少多了以下幾種辛嗆氣味，包括中深焙的羊油酸、2-戊酮（2-pentanon）、芳樟醇（β-linalool）、二甲基丙醛、2,3-丁二醇（2,3-butanediol）、1-戊醇（1-pentanol）、正戊醛（pentanal）和已醛等。其中的已醛、羊油酸和二甲基丙醛不但出現在瑕疵生豆，也在瑕疵熟豆中找到。（註2）

註2：異丁醇是特殊氣味的有機化合物，自然界中可經由碳水化合物發酵而生成。主要應用於食品調味或油漆的溶劑。醋酸異戊酯，稀釋後有類似香蕉和水梨的水果香氣，是香蕉油主要成分。醋酸異丁酯具有水果香味，用於香料調製及油漆溶劑。醋酸已酯帶有濃郁水果味，普存鮮果中，用於食品添加劑和有機合成。芳樟醇又稱伽羅木醇、芫荽醇或沉香醇，普存於芳香樟、玫瑰木、薰衣草和檸檬裡。二甲基吡嗪稀釋後可用做肉類、巧克力、花生、杏仁和爆米花香精。這些帶有藥水的辛嗆味，是瑕疵豆雜味的重要來源。

值得留意的是，普存於正常生豆並散發水果香氣的香酯、香醛和乙醇，在瑕疵豆中卻走味了，取而代之的是這些芳香物的氧化產物，爛豆所含的二甲基丁醛以及三甲基丁醛，對咖啡風味影響很大，前者有刺鼻嗆味但稀釋後倒可容忍，最糟的是三甲基丁醛，有股臭酸的糞便味。而3-羥基-2-丁酮也不好惹，它是水洗發酵時受細菌感染產生的酸臭味。另外，黑色爛豆獨有臭穀物味的成分為二甲基丙醛，不管烘焙前後皆有。

異色豆大觀

咖啡生豆的顏色應為藍綠、翠綠、淺綠或黃綠色才屬正常色澤，如果出現褐黃、紅褐（但蜜處理豆例外）、全黑、鐵鏽、暗灰、綠斑、黑斑、白斑、褐斑或蟲蛀，均為有問題的瑕疵豆，這表示咖啡樹染病不健康，或在後製時發酵過度、乾燥不均、濕度太高，甚至被機械力刮傷，都會造成蛋白質、醣類、脂肪、有機酸和胡蘆巴鹼變質腐敗，而出現斑點或變色，這都是問題豆的訊號。

斑點豆

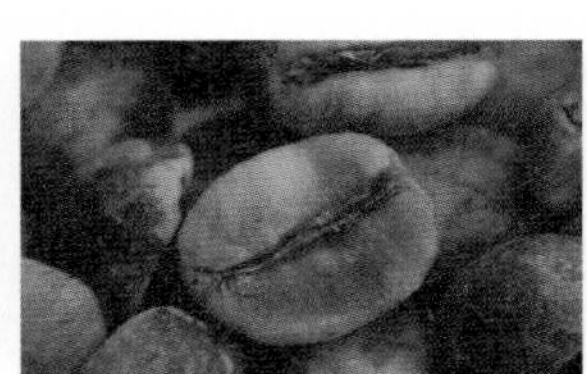

受潮豆

狐狸豆（褐色豆）

黑色豆

機械力咬傷豆

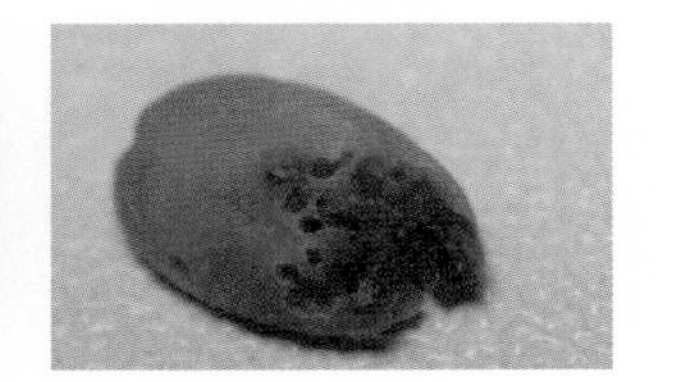

蟲蛀豆

攝影／屏東咖啡園李松源

基本上，生豆儲存愈久，色澤會從藍綠逐漸褪色為淺綠或褐黃，風味也從當令鮮豆的酸甜水果調，老化為低沈無酸的木質味。如果儲存環境太潮濕，豆色會變暗，甚至出現霉臭味。商用豆的含水率最好在10～12%，最佳儲存溫度維持在攝氏15～25℃，相對濕度維持在50～70%，在此範圍內，生豆的酵素最穩定，不致分解前驅芳香物。但是生豆含水率若高於12%，溫度高於25℃，且相對濕度超出70%，就易感染黴菌，而且生豆裡的酵素會加速分解脂肪、蛋白質和有機酸，而產生礙口的雜味。因此，高檔精品豆進口時以真空包裝最佳，最好放進儲酒櫃12℃～15℃恆溫保存或放進冷藏庫，亦可延長保鮮期。

以下是常見的異色豆，除了特殊封存處理的陳年豆仍屬好豆外，其餘異色豆若非老化就是變質，需剔除而後快。原則上，發酵過度會有酸敗味，乾燥過度會有木頭味，受潮豆會有霉味。

陳年豆

這是另類異色豆，雖然呈黃褐或暗褐色，不甚雅觀，卻是唯一美味的異色豆。陳年豆必須帶著種殼，經過三年以上熟成過程，倉庫的乾燥與儲存均有嚴格標準作業流程，使得陳年豆的有機酸熟成為糖份，而蛋白質和脂肪等前驅芳香物並未腐敗變質，喝來醇厚甜美無酸，略帶沉木香。但失敗的陳年豆亦不少，喝來腐朽如咖啡僵屍。較知名的陳年豆有曼特寧、爪哇和印度風漬豆。

枯黃豆

基本上，愈新鮮的生豆愈翠綠，有機酸也愈高，但台灣中南部怕酸不怕苦，烘焙商故意將新豆封存一至兩年，磨掉酸味，豆色由綠轉成枯黃，含水率從12%降到10%以下，也比較容易烘焙，如果保存得宜，並不算瑕疵豆，但有機物盡失，活潑風味老去，喝來鈍鈍的，只剩苦香和木質味了，一般用做平衡酸味的配方，無法做為精品豆。

黑色豆

最典型的霉爛豆，原因複雜，包括咖啡樹染病、咖啡果子熟爛後掉落地面遭污染、水洗日曬發酵過度、乾燥過程回潮染菌、豆體刮傷染菌氧化、蟲蛀豆發霉變質…等，黑色豆含有土臭素（geosmin）雜苦味與塵土味很重，務必挑除，破壞風味事小，影響健康事大。半綠半黑豆亦可歸為此類。

根據美國農業生物工程師學會（American Society of Agricultural and Biological Engineers）05年的研究報告《瑕疵豆烘焙後的化學屬性》（Chemical Attributes of Defective Beans as Affected by Roasting）指出，瑕疵生豆的蔗糖、蛋白質與油脂含量明顯低於正常豆，其中以黑色豆的蔗糖和脂肪含量最低。黑色豆與深褐色的酸臭豆所含的酸敗物卻高於正常豆，此乃發酵過度所致。另外，黑色豆的含灰量也最高，顯示黑色豆是最嚴重的瑕疵豆。

蟲蛀豆

千瘡百孔的蟲蛀豆很容易辨認，豆表常有淤青狀的小黑孔。咖啡樹的害蟲非常多，包括蝸牛、金龜蟲、東方果蠅、咖啡鑽果蟲（Coffee Berry Borer, 學名Hypothenemus hampei）等不勝枚舉。目前為禍台灣咖啡園最烈的應屬「東方果蠅」，母果蠅不但啃食果子還在果肉裡產卵，造成咖啡果子腐爛脫落，損失不輕。亞洲及夏威夷的咖啡莊園均飽受果蠅催殘。

然而，「咖啡鑽果蟲」卻比果蠅更兇狠，被全球咖啡農視為頭號害蟲，鑽果蟲看似黑色甲蟲，源自非洲，特別喜歡侵襲阿拉比卡的果子，母鑽果蟲會從咖啡果的頂端啃進內層的咖啡豆，並在豆子鑽出一個直徑小於1.5毫米的「產道」，將蟲卵下在裡面，災情慘重的豆子，甚至多達五個以上的「產道」。

由於豆子的組織已被破壞，受創輕的豆子，喝來沒有香味和酸味，嚴重者則有黴菌感染發黑的腐臭味。鑽果蟲繁殖能力強，2007年牙買加的藍山咖啡有25%遭鑽果蟲啃噬，災情慘重。台灣咖啡園過去不曾見過鑽果蟲，但2009年已傳出鑽果蟲肆虐的消息。咖啡農又有場硬戰要打了。

狐狸豆

又稱酸臭豆，色澤如同狐狸的褐色而得名。採摘熟爛果子或掉落地面的破損果子，很容易變成酸敗的狐狸豆。氣候太潮濕，咖啡果子在樹上已開始發酵腐敗，以及發酵池遭污染，亦會產出酸臭的褐色豆。基本上，狐狸豆不僅豆表是褐色的，連內部也是變質為深褐色，有臭味，這與正常的蜜處理豆，豆表沾有乾燥且美味的褐色果膠，是不同的，蜜處理豆的內部仍為正常的淡綠或黃綠，可別誤認為狐狸豆。

斑點豆

頗為常見，包括黑斑、褐斑、白斑、綠斑。乾燥不均或帶殼豆遲延乾燥，過度發酵，容易出現黑斑和褐斑豆。至於白斑豆又稱玻璃豆，一般指生豆受潮，含水率過高，引發生豆酵素的萌芽機制，豆色呈暗灰甚至出現白斑，豆子偏軟，喝來有肥皂味或朽木味。

綠斑豆亦常見，新鮮豆的綠斑因色澤相近，不易察覺，但枯黃豆則因色差而更易挑出，一般指豆體受傷、受潮或蟲蛀，而出現氧化變質的斑點，看來有點恐怖，雜苦味不輸全黑豆。另外，生豆被去殼機刮傷處亦會出現生鏽顏色。

臭豆

外觀並無特殊異狀，豆色偏黃褐，但切開豆子，裡面已腐敗發出惡臭。較先進的產區以紅外線光學儀器篩豆，可辨識臭豆並予剔除，但靠人眼挑豆，很容易成為漏網之魚，為害品質。臭豆一般指發酵過度，內部已腐爛但尚未影響外表的瑕疵豆。

發霉豆

很好辨認，豆表有一層白色絨毛或白粉狀，很噁心，這是儲藏環境太潮濕所致。發霉豆從白到黑都有，也含有土臭素，雜苦味重。

真菌感染豆

這與狐狸豆不同，咖啡豆遭真菌感染，豆表出現粉末狀的褐色小斑塊，會愈來愈大，更可怕的是真菌的孢子會傳染給其他咖啡豆，因此發現真菌感染的豆子務必剔除。

綠色陷阱：藥水味、里約味與未熟豆

雖然豆色不雅是瑕疵的警訊，但仍要慎防綠色陷阱，也就是說豆色為正常的藍綠、淡綠或日曬豆的黃綠色，但外觀無異狀不表示豆子沒問題，務必用鼻子聞一聞，有沒有漂白水或碘嗆味？

有機酸變質的藥水味

帶有化學刺鼻味的生豆，光看外表不易發覺有異，實務上會用一根尖長的取豆杓，插入麻布袋抽取生豆，觀色聞味，發覺有化學味直接退貨，不必杯測了。生豆的漂白水味道主要是水洗發酵不當，有機酸變質腐敗，如果沖泡來喝，會有嗆鼻的漂白水味和鹹酸味，少喝為妙。

大宗商用豆的進口商常遇到綠色陷阱，國外不肖豆商常在一貨櫃生豆混入幾袋外觀鮮綠（據說可用化學藥劑染色增豔）的豆子，混水摸魚，因此驗貨時務必抽驗每袋生豆有無藥水味，以免被騙。

黴菌感染的里約味

另外，巴西海拔較低的日曬豆，外貌與豆色看來正常，卻常有股不雅的里約味（Rioy），輕則碘嗆味、酚味或藥水味，重則有股受潮的霉臭味，聞來像是地下室太潮濕的霉嗆味。一百多年來，里約味一直困惑全球的咖啡買家，過去以為是土質或發酵過度所致，但近年微生物學家以顯微鏡在實驗室觀察發現，里約味是生豆感染黴菌造成的。

1990年美國化學會（American Chemical Society）出版的《農業與食品化學期刊》（Journal of Agriculture and Food Chemistry）一篇由雀巢研究中心科學家撰寫的研究報告「咖啡生豆的里約惡味分析」（Analytical Investigation of Rio Off-Flavor in Green Coffee）指出，里約生豆嚴重感染了曲黴（Aspergilli）、鐮孢黴（Fusaria）、青黴（Penicillia）與乳酸桿菌（Lactobacilli），而產生2,4,6-三氯苯甲醚（2,4,6-trichloroanisole，簡稱TCA）是里約惡味的主因。

其實，不只有巴西劣質咖啡有里約味，中南美和非洲生豆感染了這些黴菌，也會產生陳腐的霉腥味，雖然生豆外觀不易察覺。研究發現只要在美味的咖啡液加入1～2ppt（約每公升咖啡液加入1至2公克）的2,4,6-三氯苯甲醚，就會出現惱人的里約味。

有趣的是，葡萄酒也有里約味，但稱之為「軟木塞味」，近年葡萄牙與西班牙的軟木塞工廠感染黴菌，造成昂貴葡萄酒出現腐敗的「軟木塞味」，而吃上國際官司，鬧得不可開交，禍首就是黴菌。

營養不夠的未熟豆「奎克」

最常見的綠色陷阱當屬未熟豆「奎克」（Quaker），常令烘焙師氣絕，因為生豆外觀並無明顯異狀，不易事先挑除，卻常在咖啡烘焙後，現出原形，豆色淺得出奇，不管怎麼烘都無法入色進味，挑出這些礙眼的淺色豆，會發覺輕飄飄的，密度明顯偏低，入口咬咬看，會有生穀物的味道、土味、木屑味、紙漿味或澀感，卻無絲毫甜感，這並非正常豆的味道，因此烘焙師在冷卻盤看到未熟豆「奎克」，都會挑除，以免破壞咖啡風味。

未熟豆發生的原因有二，最常見是摘到未成熟的青果子，其次是土壤養份不足或施肥不夠，造成咖啡果子營養不良，不易成熟。不論是太早摘下未熟果子或咖啡果子無法成熟，均可歸類為未熟豆。未熟果有時可經由水槽浮力測試，剔除飄浮果，但有時卻如正常紅果子沈入水槽，不易挑除，相當麻煩。

即使刨除種殼，未熟豆也不易以肉眼發覺，基本上，未熟豆顆粒較小，豆表較粗糙有皺紋且銀皮較黏，豆體向內凹陷明顯，豆的邊緣較薄，豆色偏淡，但有時未熟豆看來又與正常豆無異，必須烘焙後才現出不易著色的原形，直到包裝前的最後一關才被揪出來。

未熟豆易有青澀感

為何未熟豆在烘焙過程不易著色？這不難理解，因為未熟豆的醣類、碳水化合物、脂肪和蛋白質含量太少，烘焙時的褐變反應，也就是焦糖化與梅納反應無法順利進行，因而不易入色，所以也不易衍生飽滿的香氣與滋味。據筆者經驗，日曬豆出現未熟豆的機率遠高於水洗豆，這與日曬豆多半未經水槽剔除漂浮豆有關。在杯測實務上，如果嘗出青澀感，表示這批豆子的未熟豆比率不低。

讀者不妨做個小實驗，將咖啡豆分成兩組，一組的「奎克」未剔除，另一組的「奎克」全數剔除，再進行杯測比較，很容易喝出含有未熟豆的一組，雜味與青澀感，較為明顯。未熟豆Quaker是杯測術語，望文生義，是不是因為喝了含有「奎克」的咖啡，會皺眉「顫抖」而得名，耐人玩味。

更有趣的是，Quaker也是桂格麥片的品牌名稱，卻與未熟豆同名，杯測界小心遲早會有人挨告！

瑕疵總匯，苦嗆難入口

從生豆篩除的黑豆、褐色豆、綠斑豆、白斑豆、未熟豆、酸臭豆、蟲蛀豆和缺損豆，不必急著丟掉，不妨集結成瑕疵豆總匯，烘焙後杯測時，可與精品豆並列受測，一來可成為最佳教材，二來可增加學員的自信心，因為爛豆總匯的惡味很容易被學員揪出，添增杯測樂趣。

雜苦、泥巴、鹹澀和酸敗味的總合，就是瑕疵總匯的味道，難以下嚥，因此「超凡杯」與美國精品咖啡協會杯測賽，均把「乾淨度」（Clean cup）列為評分要項，一杯咖啡只要有一顆黑豆或酸臭豆，足以毀了一杯好咖啡。咖啡豆不健康、後製處理與運送過程有瑕疵，均會造成咖啡的脂肪、蛋白質、有機酸和醣類變質，衍生不乾淨的雜苦味。唯有零瑕疵才能符合Clean cup的標準，產地咖啡的「地域之味」才能在沒有雜苦的干擾下，顯現出來。不乾不淨的瑕疵豆是精品豆最大殺手。

瑕疵生豆易挑，瑕疵熟豆難辨

精品級與一般商業級咖啡最大分野，在於前者已盡量剔除瑕疵豆，後者則充斥瑕疵豆，售價愈低，爛豆比率愈高，雜苦味也愈重，不加糖難以入口。瑕疵豆在烘焙前很容易辨識，一旦進爐烘焙後，就不太容易認出，這也讓投機業者有了摻混的空間。

如果你買的熟豆很低價，雜苦味特重，你可能買到爛豆充數的黑心咖啡了。為了避免喝進過多的瑕疵豆，建議咖啡迷最好購買生豆，在家自己烘豆子，因為瑕疵生豆，很容易以肉眼看出並挑除掉，但熟豆就難了。

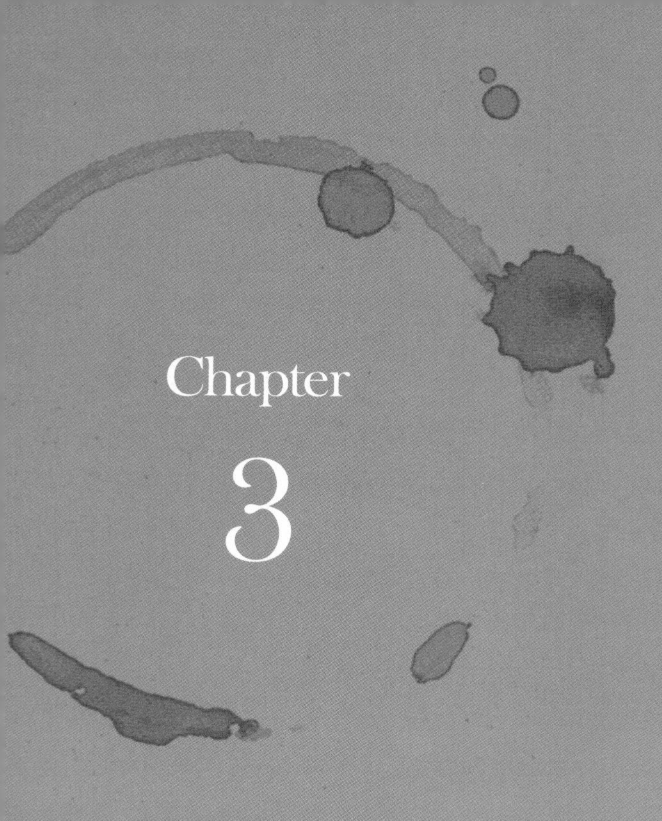

Chapter 3

杯測概論：為咖啡評分

杯測（Coffee Cupping）是採用標準化烘焙、萃取與品啜方式，透過嗅覺、味覺與觸覺的經驗值，將咖啡香氣、滋味及口感，三大抽象感官，訴諸文字並量化為分數，完成咖啡評鑑工作。

不容諱言，杯測的品香論味與豐富術語，源自歷史更悠久的品酒（Wine Tasting）文化。品酒濫觴於十四世紀，積漸成今日博大精深的品酒美學。相對而言，杯測文化興起較晚，卻青出於藍勝於藍，千禧年後，杯測在精品咖啡「第三波」帶動下，繼品酒文化之後，躍然成為一門美學。（註1）

註 1：杯測概論由筆者與黃緯綸（Steven Huang）聯手論述。
黃緯綸：碧利咖啡實業少東，年少赴笈加拿大。2010 年 3 月在美國考取 SCAA 精品咖啡鑑定師（Q Grader）、杯測師及烘焙師證照。

杯測師身價
凌駕品酒師的時代來臨

杯測發跡於1890年左右，美國舊金山的席爾斯兄弟咖啡公司（Hills Brothers Coffee，註2）為了確保每批生豆品質，開始對進口的咖啡執行兩階段杯測，在產地出貨前先對樣品生豆進行杯測，並保留樣品豆，等生豆進港後再取樣，進行第二次杯測驗貨，以確認進口生豆品質是否與先前樣品一致。早年，咖啡杯測是大型烘焙廠的品管程序，旨在發覺重大瑕疵，避免買到不堪用的咖啡，是祕而不宣的技術。

而今，杯測已從昔日的防弊，演進到今日的鑑定、享樂、調製配方豆與競賽層面。這要歸功於1982年美國精品咖啡協會創立，掀起全球喝好咖啡運動。曾任美國精品咖啡協會（SCAA）第二任理事長的泰德・林哥（Ted Lingle）於1985年陸續出版與修訂「咖啡杯測員手冊」（The Coffee Cuppers' Handbook）以及「咖啡品鑑師風味輪」（The Coffee Taster's Flavor Wheel）等書籍及圖表，破天荒將香氣、滋味與口感的杯測術語及流程，做系統化歸納，並訂定統一標準，讓杯測界有了奉行準則。

註2：崛起十九世紀末的美國咖啡巨擘席爾斯兄弟咖啡，二十世紀初發明了咖啡真空罐包裝，賺了不少錢。1985年被雀巢咖啡購併，1999年轉售給美國知名的食品公司莎拉李（Sara Lee），2005年又賣給義大利的咖啡公司Massimo Zanetti Beverage Group。

1999年美國咖啡聞人喬治・豪爾（George Howell）在聯合國資助下，在巴西舉辦首屆「超凡杯」（Cup of Excellence，簡稱CoE）精品咖啡評鑑大賽，點燃咖啡新美學「杯測」的火種。加上近年精品咖啡「第三波」推波助瀾下，杯測成為咖啡專業人士必研技藝。

SCAA與CoE的杯測表格與準則，是目前精品咖啡界最常用的兩大系統，容或有少許差異，但仍在大同小異的範疇。

過去有案可考的記錄，世界最高身價的鼻子與舌頭，皆由品酒師囊括。2003年英國知名連鎖超市桑莫菲爾德（Somerfield）的老板，為首席女品酒師安潔拉・蒙特（Angela Mount）的味蕾投保一千萬英鎊，創下世界最昂貴舌頭的記錄。2008年，荷蘭知名品酒師伊嘉・葛特（Ilja Gort）為自己的鼻子投保三百九十萬英鎊，創下世界最昂貴鼻子紀錄。

然而，咖啡杯測師的身價急起直追，2009年英國知名咖啡連鎖企業Costa Coffee 為自家義大利裔咖啡杯測師吉拉諾・培利奇亞（Gennaro Pelliccia）的舌頭，向英國老牌勞伊茲保險公司（Lloyd's）投保一千萬英鎊，折合台幣四億九千萬元，與英國女品酒師蒙特最昂貴的舌頭，不相上下。

勞伊茲保險指出，常人平均有一萬個味蕾，也就是說Costa Coffee為培利奇亞的每枚味蕾投保1,000英鎊。培利奇亞杯測經驗長達十八年，他靈敏的味覺與嗅覺，能分辨上千種咖啡風味，並找出細微的缺陷味，確保每年一億零八百萬杯咖啡的品質，成為該公司最大資產。近年，咖啡杯測師的身價，有凌駕品酒師之勢，可見杯測文化已然成形。

談起杯測，一般都以為太抽象難懂，除非擁有超乎常人的味覺與嗅學，否則不易登堂入室。其實，只要常喝咖啡、多比較、勤練習，在腦海建立完整的咖啡風味記憶庫，人人都可成為稱職的杯測員。杯測貴在標準作業流程下，為幾支並列的咖啡，鑑香測味，很容易從香氣、滋味與口感，辨識出彼此差異，這與單獨喝一杯咖啡，大異其趣。

關於杯測，必需要了解的幾件事

本章先從杯測的前置作業：標準化烘焙、標準化萃取、標準化評鑑，以及SCAA杯測表格要項談起，唯有統一這些要件，杯測出來的結果，才有公信力。

標準化烘焙

杯測用豆的烘焙流程，是影響杯測結果與公平性的最大變數。SCAA對烘焙度、時間、冷卻及熟成，皆有嚴格規範。

・**烘焙度：**根據SCAA杯測作業規約，參賽送樣的生豆由主辦單位統一烘焙，以淺焙至中焙為區間，更精確的說，如以艾格壯咖啡烘焙度分析儀（Agtron Coffee Roast Analyzer）的近紅外線照射咖啡熟豆，艾格壯數值（Agtron Number）為＃58，磨成咖啡粉的數值為＃63（註3），誤差在±1範圍內。

但是一台烘焙度分析儀要價二萬美元，一般業者無力購買，亦可使用較便宜的對色盤，約二百多美元的烘焙色度分級系統（Agtron/SCAA Roast Color Classification System，註4），如果以該色盤系統為準，杯測專用烘焙度的艾格壯數值介於＃55～＃60的區間。

換言之，約在一爆結束後至二爆前，也就是中焙的全風味烘焙，不致太尖酸，焦糖化與碳化也不致過劇。如果訂在一爆尚未結束，做為杯測標準，雖然很容易表現酵素作用的酸香，卻易麻嘴，影響杯測師的味蕾。

- **烘焙時間：**杯測用豆的烘焙度訂在一爆結束與二爆前，但幾分鐘完成烘焙也很重要，SCAA規範的烘焙時間在8～12分鐘的狹幅區間，因為短於8分鐘的烘焙，火力過猛，豆表易有焦黑點或烘焙不均，而且烘焙過快，澀嘴的有機酸成分不易裂解完全，容易有澀感與咬喉感。但烘焙拖太久也不行，淺中焙若超過12分鐘，容易磨鈍咖啡的本質，且累積過多的碳化粒子。過猶不及，均無法呈現咖啡最佳風味。

- **冷卻與熟成：**樣品豆需在杯測前二十四小時內完成烘焙，咖啡出爐後，應以傳統烘焙機的負壓式冷卻盤為之，降溫至室溫為止。熟豆的冷卻不得使用大型商用烘焙機的水霧式散熱，以免影品質。樣品烘妥後，置入乾淨無異味的密封容器或不透光的包裝袋內，進行八小時熟成，換言之，樣品豆最遲必須在杯測前八小時完成，否則來不及熟成。樣品豆要存放在乾燥陰涼處，不得置入冰箱或冷藏庫。

註 3：艾格壯咖啡烘焙度分析儀是以近紅外線照射熟豆，如果烘焙度愈深，焦糖化程度就愈高，所以碳化也愈高，豆表色澤愈黑，也愈不易反射光線，分析儀讀到的數值就愈低。反之，烘焙度愈淺，焦糖化程度愈低，碳化也愈低，豆表顏色愈淺，也愈易反射光線，分析儀讀到的數值就愈高。因此艾格壯數值愈小，表示烘焙度愈深；艾格壯數值愈大，表示烘焙度愈淺。要注意的是，未研磨的熟豆，測出的艾格壯數值會比磨成咖啡粉後測得的數值稍低，因為未研磨只測得熟豆的表面，而磨粉後可測得豆表與豆芯的焦糖化平均值，基本上，豆芯的顏色會比豆表來得淺，因此磨粉後的艾格壯數值比較高。

註 4：SCAA 推出的烘焙色度分級系統，可做為辨識烘焙度的廉價方案，共有 8 個對色盤，每個對色盤均附有一個烘焙色度的艾格壯數值，從最淺焙的＃ 95 開始，由淺到深的色盤讀數依序為＃ 95 →＃ 85 →＃ 75 →＃ 65 →＃ 55 →＃ 45 →＃ 35 →＃ 25。艾格壯數值＃ 55 是指一爆結束後，接近二爆的程度。

深焙
中深焙
中焙（杯測烘焙度）
生豆

標準化萃取

杯測用豆的萃取方式，力求簡單無外力干擾，採用浸泡式萃取，可排除沖泡技巧與手法的不同而影響公平性。萃取使用的杯具大小、水質、水溫、研磨度、濃度以及浸泡時間均有規範。

- **杯具：**使用容量5～6盎司（150毫升～180毫升）的厚玻璃杯或陶杯，但最大容量225毫升的杯具，亦在允許範圍內。重點是杯具務必乾淨無味，大小與材質要統一，另外準備無異味杯蓋，材質不限，以供磨粉後遮杯用。

  照SCAA杯測標準，每個受測樣品豆需有五個杯子，以檢測每樣品豆的每一杯風味是否如一；CoE比賽，每個樣品需四個杯子。至於一般自家杯測不需如此大陣仗，每樣品豆準備1～3個杯子亦可。每支樣品豆的杯數並無嚴格規定，端視杯測單位要求而定，重點是每個杯子的容量與材質務必相同。

- **水質：**杯測用水必須潔淨無味，不得使用蒸餾水或軟水。根據SCAA先前的舊標準，杯測最理想水質的總固體溶解量（Total Dissolved Solids，簡稱TDS）介於125～175ppm，最好不要低於100ppm，但也不要高於250ppm，因為低於100ppm的水質太軟，內容物太少，容易萃取過度。

  但高於250ppm，表示礦物質太多太飽和，不但影響口感也容易萃取不足。但有趣的是台北翡翠水庫的水質甚佳，台北家用自來水的TDS約在50～90 ppm，似乎「太軟」，不符SCAA標準，但筆者不認為台北水質不適於杯測，可能是SCAA的水質標準太嚴格了。

  所幸2009年11月，SCAA已對水質的TDS做出修正，根據新版的水質標準，最理想的杯測水質，TDS修正為150ppm，也就是150mg/L，但可接受的水質範圍則放寬至75ppm～250ppm，即75～250 mg/L之間，這樣台北較乾淨偏軟的水質就在標準區間了。如果擔心台北水質太軟，杯測時的咖啡粉可稍磨粗一點，以抑制軟水容易萃取過度的特性。

愈往台灣南部水質愈硬，高雄地區的TDS接近250ppm。若要以礦泉水做為杯測用水，並無不可，但TDS務必小於250 ppm。（有關TDS請參考第7章「濃度與萃出率的美味關係」）。

・**研磨度：**杯測用咖啡粉粗細度務必統一，要比有濾紙的美式滴濾咖啡機的研磨度稍粗一點，換言之，70%～75%的咖啡粉粒能篩過美國20號標準篩網，即粒徑為850 μm或0.850毫米。這比一般手沖或賽風的咖啡粉更粗，接近法式濾壓壺的粗細度，這大概是台式小飛鷹研磨刻度＃4～＃4.5，因為杯測的浸泡時間較長，磨太細易萃取過度並產生粉狀咖啡渣，反而產生不方便。

每支受測樣品豆必須先磨掉足夠份量，以清除前一支樣品豆殘留在磨刀上的餘味。樣品豆磨粉後，最好在15分鐘內完成注水，如果咖啡粉要放置超過15分鐘以上，務必在杯口加蓋，降低氧化程度，咖啡粉存放時間，最長不得超過30分鐘。

・**濃度：**咖啡豆公克量與熱水毫升量的比例為1：18.18，即8.25公克的咖啡豆研磨後，以150毫升熱水萃取，或9.9公克咖啡豆以180毫升熱水萃取，或11公克的咖啡豆以200毫升熱水萃取。換言之，只要符合咖啡豆重與熱水毫升量為1：18.18即可。

美國精品咖啡協會訂出咖啡豆與熱水為1：18.18的比例，是因為萃取的濃度恰好落在「金杯準則」（Golden Cup Standard）所規範總固體溶解量（TDS）1.15%～1.35%的中間區域。此問題將在第7章「濃度與萃出率的美味關係」詳加論述。

基本上，杯測要求的濃度比一般濾泡式咖啡更為淡薄，以免咖啡太濃，味譜糾結在一起，反而不易分辨好壞。

- **水溫：**每杯的萃取水溫需為93℃，直接注進杯內的咖啡粉，直抵杯子上緣，確定咖啡粉均勻浸泡。

- **浸泡時間：**讓咖啡粉在杯內浸泡3～5分鐘，不要攪拌，靜待杯測師破渣、聞香與評鑑。

標準化評鑑

杯測環境務必保持乾淨無異味與安靜，不可有電話與手機，不得擦香水或噴髮膠，以免人工香精干擾杯測。室內要有適當照明。評鑑以杯測專用湯匙為之，以利啜吸測味。

- **杯測匙：**專用杯測匙，圓型深底，容量約8～10毫升，方便啜吸，一般湯匙太尖太淺，不利啜吸且容易嗆到。杯測匙有不鏽鋼與鍍銀材質，後者散熱較快。

- **啜吸：**杯測誇張的啜吸動作，製造噪音不甚雅觀，卻可提高味覺與鼻後嗅覺的測味效率，因為啜吸的同時也吸入空氣，使得咖啡液以噴霧狀入口，水溶性的咖啡滋味更均勻分布在舌頭各區域，且咖啡油脂裡的氣化成份，也更易釋出，從口腔後面的鼻咽部上揚進鼻腔，加快品香鑑味的速度。杯測動輒檢測數十甚至上百支樣品，啜吸確實可提高測味的靈敏度與效率，但請不要在咖啡館以誇張的啜吸動作喝咖啡，製造噪音可是會遭旁人白眼。

輕鬆讀懂杯測評分表

簡易杯測評分表共有8欄，第1欄樣品編號，第2欄為味譜與餘韻，第3欄為乾淨度與甜味，第4欄為酸味，第5欄為厚實度，第6欄為一致性與平衡感，第7欄為乾香／濕香，第8欄為總評與總分。每支受測樣品豆，最少一杯，最多3杯即可。一般簡易杯測表格不必像SCAA每支樣品要5杯，CoE要4杯，唯在國際性大賽才需要如此大陣仗。

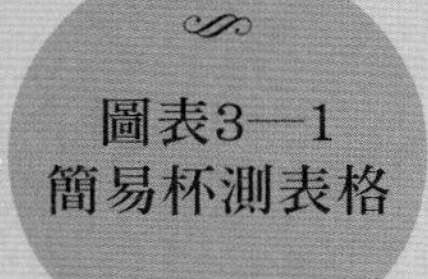

圖表3—1
簡易杯測表格

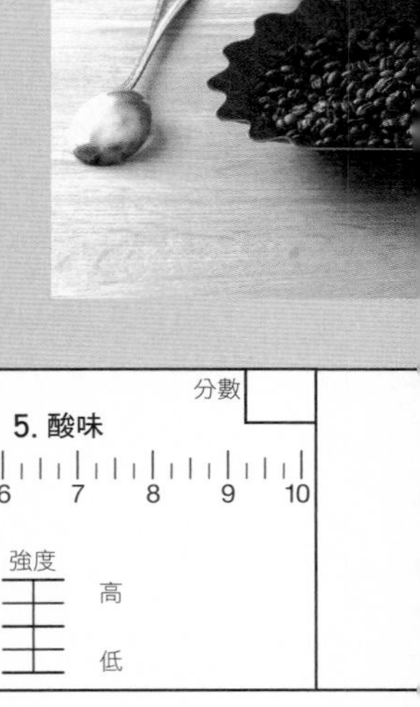

杯測員聞香與啜吸後，對樣品的香氣、滋味與口感，了然於胸，但要如何將這些抽象感官，訴諸文字並量化為分數，就必須使用統一規格的杯測評分表，請參考以下杯測表格。

樣品豆 #	樣品豆烘焙度	1. 味譜（分數） 6 7 8 9 10	3. 乾淨度（分數） □ □ □	5. 酸味（分數） 6 7 8 9 10
		2. 餘韻（分數） 6 7 8 9 10	4. 甜味（分數） □ □ □	強度 高 低
	註記：			

水平與垂直標記

表3—1的簡易杯測表格，參考美國精品咖啡協會杯測表格，亦採用兩種標記，一為水平走向的10分制刻度，表示品質的好壞，從6分～10分；適口的一般商用豆在各單項評分，約在6～7.9分，8分以上為精品級，國際性杯測賽優勝豆，平均各單項至少要8.3分以上。

6. 厚實感　分數
6 7 8 9 10
強度　厚　薄

7. 一致性　分數

8. 平衡度　分數
6 7 8 9 10

9. 乾香/濕香　分數
6 7 8 9 10
咖啡粉　香質　破渣

10. 總評　分數
6 7 8 9 10

總分

給分單位 0.25 分為基準

參加杯測賽的咖啡均為商用級以上，因此評分標記從6分開始，共有四個級別，6分級別為「好」（Good），7分為「非常好」（Very Good），8分為「優」（Excellent），9分為「超優」（Outstanding），而每級別依品質好壞，又有四個給分等級，給分單位為0.25分，因此四個級別總共有16個給分點，足以評出品質高下。請參考以下表列。

表 3 — 2　評鑑品質等級

品質等級			
6.00 —好	7.00 —非常好	8.00 —優	9.00 —超優
6.25	7.25	8.25	9.25
6.5	7.5	8.5	9.5
6.75	7.75	8.75	9.75

另一為垂直走向的5分格標記，表示特色的強弱，垂直標記僅供評審標註，無關分數。垂直標記只附在「乾香／濕香」、「酸味」和「厚實感」三欄中，方便評審標示強弱度，其他評分項目則無垂直標記，唯各項評分仍以水平標記為主。

雖然給分單位為0.25分，但鑑香測味難有客觀標準，即使SCAA、BOP、CoE國際大賽，也常出現給分歧異，某評審給85高分，卻也有評審只給70分，因此國際杯測賽的評審動輒5人以上，採集體評分的平均分數為準。

簡單說，水平標記代表質的好壞，垂直標記僅代表強度的高低。簡易杯測評分表共有10大評分要項，詳述如下。

評分項目 1. 乾香／濕香（Fragrance/Aroma）

SCAA與CoE的評分表，均將乾香／濕香擺在表格的最前面，因為這是杯測時第一個檢測的項目。乾香是指咖啡磨成粉尚未以熱水沖泡前所散發的揮發性香氣，而濕香是指熱水沖泡後產生的氣化香。SCAA將之列為評分要項，但CoE卻不算分數，只當做評審的參考，因為主辦單位無法提供足夠的咖啡粉樣品，供評審回憶乾香／濕香，而且揮發香氣隨著水溫下降而減弱，不易有客觀標準，再者咖啡畢竟要喝入口才算數，如果乾香／濕香很迷人，強度也不錯，不表示喝入口風味一定優。因此，CoE僅列為參考項目不算分，有其道理。

我編的簡易評分表，執兩用中，雖將之列為評分項目，但置於較後面的第7欄位，表示點到即可，不必花太多時間在乾香／濕香的評鑑。不妨從三方面來評定乾／濕香：

（1）熱水沖泡前先聞杯內的咖啡粉香氣；發覺特殊的乾香，可記在香質（Qualities）欄內，以免忘記，因為乾香評鑑後就以熱水沖泡，不可能再提供該樣品的咖啡粉協助評審回憶。
（2）熱水沖泡後，浸泡3～5分鐘間，以杯測匙破渣，聞其破渣的濕香。
（3）浸泡5～8分鐘期間，聞浸泡的濕香，將特殊香氣記錄在香質欄內。

Coffee Box

SCAA 杯測給分的十個參考等級

10 分→稀世絕品（Exceptional）；　9 分→超優（Outstanding）；
8 分→優（Excellent）；　7 分→非常好（Very good）；
6 分→好（Good）；　5 分→中等（Average）；
4 分→尚可接受（Fair）；　3 分→差（Poor）；
2 分→非常差（Very poor）；　1 分→無法接受（Unacceptable）；
0 分→不給分（Not present）。

好咖啡的品質多半集中在 7 分以上，精品級的分數集中在 8 分以上，獲獎精品豆至少要有 8.3 分以上的水準，9 分以上屬於超凡入聖。

乾香／濕香欄內的左右側各有一個垂直的5分刻度香味強度表，評審可依上述第一階段乾香強度，劃計在左邊的乾香強度表，而第二與第三階段的濕香強度則劃計在右邊濕香強度表，最後再將這三階段的香氣強度及品質加總分數，劃計在上方水平10分刻度表上，基本上，乾香／濕香的計分，以香氣的品質為準，香氣強度僅供參考。確認後再將得分寫在右上角的分數框內。

評分項目 2. 味譜（Flavor）

評分表的第2欄，上半部為味譜欄，下半部為餘韻欄，先談味譜欄。

味譜是指咖啡入口後，水溶性滋味與揮發性氣味，共同構建的味譜。換言之，味譜是由味覺對酸甜苦鹹四大滋味，以及嗅覺對氣化物回氣鼻腔的氣味，加總的整體感觀，杯測員聞完乾香與濕香後，啜吸入口，在口腔中的滋味與回氣鼻腔形成的味譜好壞，立即浮現，因此列為評分欄之首。

精品咖啡最重視的「地域之味」主要由味譜呈現。此欄的評分必須反應滋味與氣味的強度、品質與豐富度。頂級精品咖啡，因獨特滋味或香氣而產生與眾不同的味譜，是「地域之味」的表現。

評審必須明辨這些滋味或香氣究竟是一般施肥或處理伎倆即可複製出來，抑或是栽植者用心挑選品種及水土，借助微型氣候培育出來的獨特「地域之味」。後者遠比前者更值得鼓勵。比方說，果酸味異常強烈有時很討好，但卻可借助水洗發酵技術來複製，糟糕的是，原本的「地域之味」反而被發酵技術蒙蔽了，這就不值得鼓勵。評鑑味譜的優劣，可採啜吸方式，以增強味覺與鼻後嗅覺對滋味和香氣的感受度。可根據以下特色做為正向與負向的評分。

正向➡有特色・厚實・鮮明・令人愉悅・有深度・有振幅

負向➡清淡・土腥・豆腥・草腥・柴木味・麻布袋味・獸味・苦鹹酸

（有特色指花香、蜜味、堅果、巧克力、莓類、水果、燻香、強烈、辛香）

評分項目 3. 餘韻（Aftertaste）

第2欄下半部為餘韻評分欄。咖啡吞下或吐掉後，用嘴嚼幾下，會發覺滋味和香氣並未消失，如果餘韻無力並出現令人不舒服的澀苦鹹或其他雜味，此欄分數會很低。餘韻是捕捉香氣、滋味與口感如何收尾的關卡，如果尾韻在甜香蜜味中收場，會有高分；如果出現魔鬼的澀感尾韻，會被扣分。餘韻與味譜同置一欄，且排序在味譜之後，旨在檢測味譜的收尾，實務上，餘韻得分會低於味譜，因為味譜佳，餘韻未必好，如果味譜差，餘韻肯定更糟糕。

正向➡回甘・餘韻無雜・口鼻留香・持久不衰

負向➡咬喉・苦澀・雜味・不淨・不舒爽・厭膩

評分項目 4. 乾淨度（Clean Cup）

第3欄上段為乾淨度，下半部為甜味，先談乾淨度。美國精品咖啡協會對乾淨度的解釋為，咖啡喝下第一口至最後的餘韻，幾乎沒有干擾性的氣味與滋味，即「透明度」佳，沒有不悅的雜味與口感。評審從70℃喝下第一口，直到室溫測味時，都要留意乾淨度的表現，因為味覺與嗅覺在咖啡溫度較高時，易受干擾，不易察覺雜味，但咖啡接近室溫時，恢復靈敏度，雜味無所遁形。SCAA杯測表的乾淨度項目有5個小方格，表示5杯都要測味，每杯符合乾淨度要求，可得2分，任何一杯出現不屬於咖啡的味道，均會失格或得到低分。但簡易杯則表格僅列3小方格，最多可測到3杯。

附帶一提，CoE大賽似乎比SCAA更重視咖啡乾淨度，這應該和創辦人喬治．豪爾立下的「家規」有關。大師堪稱精品咖啡界推動乾淨度最力人士，他認為乾淨度是咖啡品質的起跑點，唯有純淨無雜味的咖啡，才能喝出精品豆的「地域之味」，少了乾淨度，一切免談。因此「超凡杯」評分表將瑕疵扣分欄與乾淨度評分欄並列，且置於評分表的最前端，凸顯乾淨度與瑕疵味的重要性，此乃大師用心良苦的鑿痕。

反觀SCAA評分表則把乾淨度置於較後段，但切勿解讀為忽視乾淨度，因為此欄的評分要從中高溫測味到室溫才準，因此評分順位排在較後面，是可以理解的。

正向➡純淨剔透・無雜味・層次分明・空間感

負向➡雜味・土味・霉味・木頭味・藥水味・過度發酵異味

評分項目 5. 甜味（Sweetness）

第3欄下半部為甜味，SCAA新版杯測表，將甜味與乾淨度合置同一欄，有其用意，因為乾淨度夠，甜味才出得來，而且乾淨度與甜味必須從中高溫測味到室溫才能完成，甜美滋味往往放涼後更明顯。杯測所謂的甜味有兩層意義，一為毫無瑕疵令人愉悅的圓潤味譜，二為先酸後甜的「酸甜震」味譜，此乃碳水化合物與胺基酸在焦糖化與梅納反應的酸甜產物，不全是糖的甜味，饒富水果酸甜韻。

咖啡的甜味與果子成熟度有直接關係，半紅半綠的未熟咖啡果，其果膠層仍含高濃度有機酸，尚未轉化成糖分，此時以糖度計測量果膠的甜度，只有10%左右，隨著果子成熟到暗紅色，果膠的有機酸熟成為糖分的比率提高，此時的甜度高達20%以上，甜度愈高的果膠層，會孕育出愈甜美的咖啡豆，這就是為何要採摘熟透紅果子的原因。

如果咖啡豆摘自熟透紅果子，喝來圓潤清甜，一旦摻入未熟豆，咖啡易有草腥、尖酸與澀感，抑制甜感。因此杯測界視青澀與尖酸為甜味的反義語。換言之，咖啡的甜感，不全靠熟豆殘餘的糖分多寡來決定，仍需靠其他成分的相乘或相剋，極為複雜。若酸味、鹹味、苦味或澀感太重，就會壓抑甜味的表現。

咖啡天然的甜感與其他含糖飲料的甜味不同，咖啡的甜味是由口腔的滋味與鼻腔的焦糖香、奶油香與花果香氣，共同營造的獨特甜感，非添加砂糖所能模仿。SCAA杯測表的甜味欄有5個小方格，杯測時5杯都要試，甜感極佳每杯得2分，5杯最高分為10分。本簡易杯測表則精簡為3小方格，可檢測1～3杯的甜味。

正向➡酸甜震・圓潤感・甜美

負向➡青澀・未熟・尖酸・呆板

評分項目 6. 酸味（Acidity）

第4欄為酸味評分欄，由10分刻度的酸質評分表以及垂直的酸度註記構成。咖啡入口，味蕾立即感受到酸味，舌頭中後段的兩側尤為敏銳，優質咖啡果酸入口會有生津的奇妙口感。

強弱適當的酸味，可增強咖啡的明亮度、動感、酸甜震與水果風味，但酸過頭就令人皺眉生畏，成了尖酸或死酸。酸味過猶不及，太超過的酸滋味並不利咖啡整體香味的表現。此欄水平給分刻度的最後分數，必須考慮到該樣品的地域之味、特性及烘焙度等相關因素。譬如肯亞豆預期會有較高的酸味，而蘇門答臘的果酸預期會較低，換言之，符合這些預期的樣品會有較高評分，儘管兩者酸味的評分標準不同。

雖然酸香味讓咖啡喝來更有活力與層次，品酒師常認為沒有酸香味的葡萄酒，就像沒有脊椎的廢人。但酸度的強弱與咖啡品質好壞並無絕對關係，

SCAA以及CoE的比賽均明文規定，評審必須跟據酸味的品質（酸質）而非強弱（酸度）來評分。

評定酸味前先問自己：「它的酸味是否喧賓奪主，太銳利難忍？它的酸味是否精緻？它的酸味是否『酸震』一下，就羽化為愉悅的水果韻與甜香？它究竟是有變化的活潑酸，或一路酸麻到底的死酸？」

酸度的垂直刻度僅供評審記錄酸味的強度或參考用，酸味品質則劃記在水平的10分刻度上。酸而不香或欠缺內涵的死酸，不易得高分。

正向➡精緻・活潑・剛柔並濟・酸質突出・層次感・豐富・生津

負向➡尖銳・粗糙・無力・呆板・醋味・酸敗・無個性・礙口

評分項目 7. 厚實感（Body）

第5欄為厚實感。這是口感的一種，與香氣、滋味無關。Body是咖啡液的油脂、碳水化合物、纖維質或膠質所營造的特殊口感，包括黏稠感、重量感、滑順感與厚實感，因此不易翻成中文，國內也有人稱為醇厚度，但筆者認為不妥，因為Body與味道無關，純粹是口腔觸感的一種，而「醇」是指酒味濃厚，因此醇厚是指美酒的香濃，又與香味有關，背離了Body是觸感的宏旨。Body除了譯為厚實感外，亦可譯為體感、黏稠感、厚薄感或滑順感，都比醇厚度更合邏輯。

厚實感的品質取決於咖啡液在口腔造成的觸感，尤其舌頭、口腔與上顎對咖啡液的觸感。稠度高的咖啡是因為沖泡時，萃出較高的膠質與油質，在品質的評分上，有可能較高分。但是有些黏稠度較低的咖啡，在口腔裡也會有很好的滑順感，猶如絲綢滑過舌間，頗為討好，衣索匹亞的耶加雪菲或西達莫，堪為典範。

預期會有較佳黏稠感的蘇門答臘以及較低黏稠感的衣索匹亞，仍可在此項目得到高分，雖然兩者口感強弱有別，端視滑順感的精緻度，而非稠度愈高愈討好，換言之，黏稠感雖高，但欠缺滑順感，厚而無質的口感並不易得高分，反之，黏稠感稍差但卻有明顯的滑順感，就易得高分。厚實感如同酸味的評分，採重質不重量來計分。

本欄亦有一個垂直五分刻計表，Heavy表示厚，Thin表示薄，僅供註記，厚實的質感才是重點。

值得一提的是，咖啡口感至少包括厚實感與澀感兩種，但SCAA的評分表僅聚焦於厚實感，似乎忽略了澀感也是口感的一種，這是美中不足之處。但與SCAA打對台的「超凡杯」評分表格，就把厚實感與澀感並列為口感（Mouthfeel）項目來評分，顯然較合乎邏輯，筆者認為「超凡杯」評分表的設計人喬治・豪爾，思慮較周到，該給予掌聲。

SCAA的評分表雖然未將澀感納入口感項目，卻反應在餘韻欄的負向評分，可謂瑕不掩瑜。厚薄感的正負向評分如下。

正向➥奶油感・乳脂感・絲絨感・圓潤・滑順・密實
負向➥粗糙・水感・稀薄

評分項目 8. 一致性（Uniformity）

第6欄的上半部為一致性，下半部為平衡度，先談一致性。SCAA評分表的一致性有5小方格，表示5杯都要受檢測，本書的簡易評分表精簡為3小格。一致性要從熱咖啡檢測到室溫下的溫咖啡才準，有些瑕疵味會在降溫時現出原形。

杯測的一致性指幾杯受測的同一樣品，不論入口的濕香、滋味與口感，均需保持一致的穩定性，才易得高分，因為各杯浸泡變數相同，風味理應保持一致。但瑕疵豆挑不乾淨，或咖啡水洗與日曬過程有閃失，乾燥度有差異，就不容易突顯每杯風味一致的特色。以SCAA表格而言，一致性佳，每杯可得2分，五杯一致可得10分，若其中有一杯風味不同，則無法得2分。一致性是SCAA杯測評分表，獨有項目，「超凡杯」則無此項，因為併入了平衡度項目。

正向➡均一・同質

負向➡起伏・無常

評分項目 9. 平衡感（Balance）

第6欄的下半部為平衡感，意指同一受測樣品的味譜、餘韻、酸味和口感，相輔相成，揮映成趣，也就是整體風味的構件，缺一不可的平衡之美。如果某一滋味或香味太弱或太超過，此欄會被扣分。

另外，杯測員還需留意樣品的味譜與口感，從高溫至室溫的變化是否平衡討好，如果放涼接近室溫時，尖酸或苦澀曝露出來，打破平衡就不易得高分。

正向➡協調・均衡・冷熱始終如一・結構佳・共鳴性・酸味與厚實感和諧

負向➡太超過・相剋・突兀・味譜失衡

評分項目 10. 總評（Overall）

最後的第8欄為總評，這是評審主觀好惡的給分項目，由評審對樣品香氣、滋味與口感的整體表現，所做的總評分。樣品的整體風味投好評審或樣品某一特色讓評審驚為天人，都可能在此項目拿下高分。若樣品的味譜平凡無奇就不易拿高分。

正向➡味譜豐富・立體感・振幅佳・飽滿・冷熱不失其味・花香蜜味
負向➡單調乏味・不活潑・雜味・死酸味・鹹味・澀感

總分（Total Score）

將1.乾香／濕香、2.味譜、3.餘韻、4.酸味、5.厚實感、6.一致性、7.平衡感、8.乾淨度、9.甜味、10.總評，十大項的得分加起來，即為總分。

以上是簡易杯測表的10個評分要項，小規模的杯測，綽綽有餘，但SCAA與 CoE國際杯測賽事，特為缺陷味譜增設扣分項目，以SCAA為例，扣分方式如下。

缺點如何扣分

國際評審發覺缺點，需先確定究竟是小瑕疵（Taint）或大缺陷（Fault）。小瑕疵指氣味不佳，雖然很明顯但未嚴重到難以吞下，一般是指尚未喝入口的咖啡粉乾香與濕香的瑕疵氣味；大缺陷是指惡味嚴重到礙口，一般指咖啡入口後，由味覺以及鼻後嗅覺，察覺出滋味層面以及回氣鼻腔的缺陷味。評審發現缺點需先註明其屬性，諸如尖酸、橡膠味、土味、木頭味、里約味、藥水味、洋蔥味、雜味、發酵過度的酸敗味或酚類的苦味與青澀感，再判斷其「缺點強度」（Intensity）是小瑕疵或大缺陷，若是小瑕疵，每杯扣2分，若是大缺陷每杯扣4分。

公式為：扣分＝缺點杯數 × 缺點強度

最後得分（Final Score）

總分再扣掉缺點欄的分數，即為最後得分，如果高於80分，即為精品級，從80至100分中間，分為非常好（Very Good）、極優（Excellent）以及超優（Outstanding）三級。

近年SCAA「年度最佳咖啡」杯測賽，榮入優勝「金榜」的精品豆，成績至少在83分以上，得分多半集中在83分～90分之間，超過90分以上的競賽豆極稀，這與評審給分嚴格有關。2009年，台灣亘上實業的李高明董事長在阿里山種植的鐵比卡就以83.5分，入選該年SCAA「年度最佳咖啡」十二名金榜的第十一名，是截至目前印尼、印度和台灣參賽豆的最佳成績。以下是SCAA最後得分的等級表。

最後得分等級		
90 — 100	超優	精品級
85 — 89.99	極優	精品級
80 — 84.99	非常好	精品級
低於 80 分	未達精品標準	非精品等級

杯測6大步驟：從高溫測到室溫

一般杯測前，要先檢視各樣品的烘焙度，基本上受測豆的烘焙度訂在淺中焙或中度烘焙。而SCAA杯測表格第一欄的「樣品豆烘焙度」列有淺焙、中焙、中深焙和深焙四個程度，杯測師檢視後再標出受測豆的烘焙度，以供測味參考。

杯測的品香論味及其評分，主要根據咖啡液逐漸降溫，造成滋味、鼻後嗅覺及口感的變化，來評定其優劣或些微差異。

1. 評鑑乾香與濕香

在樣品研磨後的15分鐘內，評估其乾香。由於揮發性香氣的分子量有別，可採取忽遠忽近的方式來補捉低分子量的水果酸香以及中分子量的焦糖香，最後把臉貼近樣品杯上方或把杯子舉起來聞，補捉高分子量的烘焙香氣。評定乾香時，除了徐徐吸氣外，嘴巴不妨略微張開，可增加嗅覺的銳利度。

接著評定濕香，以93℃熱水沖泡杯內咖啡粉，至少要浸3分鐘但最長不超過5分鐘，浸泡未達3分鐘前，不得弄破隆起的咖啡粉渣。一般是在浸泡的第4分鐘破渣，由一人以湯匙背撥開咖啡渣與泡沫，可撥動3次，聞其濕香，再記下乾香與濕香的分數。此時還不到啜吸入口的時候，稍安勿躁。

2. 評鑑味譜、餘韻、酸味、厚實感與平衡度

浸泡8～10分鐘後，咖啡液降溫至70℃，才可開始杯測液化的滋味與鼻後嗅覺的香氣。以啜吸方式入口，讓咖啡液呈噴霧狀平鋪口腔和舌頭各區位。由於此溫度最有利口腔的揮發性香氣回衝鼻腔，因此「味譜」、「餘韻」需在此溫度時做出評等。杯測師可在水平方向評分欄的給分刻度上，垂直畫下給分記號。

咖啡溫度降至60～70 ℃，接著評定「酸味」、「厚實感」和「平衡感」。所謂「平衡感」係指「味譜」、「餘韻」、「酸味」和「厚實感」是否相得益彰且不致太強、太弱或彼此貶損，由杯測師評定之。

杯測師對各種滋味的喜好度，可在不同溫度下，重覆2～3次的測味，評定其穩定性，然後根據第58頁的表3—2，依6～10分區塊的16個評分等級給分，每級間距為2.5分，如果因溫度下降造成評分與前次給分有不同，要減分或加分，可在水平評分刻度上再一次垂直畫下給分記號，但要在記號上方再畫一個箭頭，標示分數變動的方向是朝加分或減分方向。

3. 評鑑甜味、一致性、乾淨度與總評

咖啡降溫至38℃以下的室溫，即可對「甜味」、「一致性」和「乾淨度」進行評等。這三項每個樣品豆的五個樣品杯都要測味，每杯最高可給2分，五杯最高十分。

當咖啡液降溫至21℃，杯測就需停止。

杯測師對該樣品整體香氣與滋味的喜好度，在「總評」項目給分，這就是所謂的「杯測師評點」（Cupper's points）。

4. 合計總分

杯測師再將「乾香／濕香」、「味譜」、「餘韻」、「酸味」、「厚實感」、「乾淨度」、「甜味」、「平衡感」、「一致性」、「總評」等10項的分數標示在每欄右上角的方塊裡，再加起來，把總分寫在最右方的總分方塊。

5. 缺點扣分

除了評定香氣、滋味與口感的優點外，杯測師還要留意每杯是否有不雅的缺點，缺點的強度可分為兩種，一為較輕微的小瑕疵味，雖可察覺但不致於影響整杯的適口性，這多半是鼻前嗅覺的乾香或濕香出現不好的氣味，每杯小瑕疵扣點2分。另一種缺點的強度較明顯，稱之為大缺陷，多半是味覺和鼻後嗅覺發現滋味或氣味的嚴重惡味，會影響整杯的適口性，每杯扣點4分。

因此出現缺點時，必須確定強度是小瑕疵或大缺陷味，如果兩者皆有，則從重量刑，每杯扣4分。舉例說明，第六樣品出現一杯有小瑕疵味，另一杯有大缺陷味，則從重量刑，「強度」以大缺陷味認定，扣4分。缺點扣分為：

2（杯數）×4（強度）＝8

6. 最後得分

將總分減掉缺點的扣分，即為該樣品的「最後得分」，寫在評分表最右下角的計分框。本書簡易杯測表格並無扣分項目，有興趣者可參考SCAA國際競賽版的評分表格。

SCAA每年四月間揭曉的「年度最佳咖啡」，是經過國際權威杯測師層層把關，精篩細選出的稀世精品，論參賽咖啡的品質與規模，堪稱世界之最，被譽為「產地咖啡的奧林匹克運動會」，也是當今最具公信力的國際杯測大賽，絕非一般由少數人操控，營利性質的咖啡評比，所能比擬。

歷年榮入「年度最佳咖啡」金榜的名豆，最後得分至少在83分以上，2011年競爭更為激烈，脫穎而出的十大「年度最佳咖啡」得分提高到86分以上，這與SCAA杯測賽聲譽日隆，角逐者眾有關。

SCAA與CoE評分表的異同

目前較普遍使用的杯測評分表有兩種，一為本章論述的美國精品咖啡協會版本，另一為「超凡杯」版本，兩者的評分表大同小異，主要區別在於SCAA版本採用10分制，因此最高分為100分，但CoE則採用8分制，最高分為64分，因此最後還需額外加36分，湊足100分。

另外，CoE的乾香／濕香並不計分，僅供評分參考，而且也沒有一致性的評分，因此CoE比SCAA評分表少了兩個給分項目。兩大權威杯測組織的評分表，外觀看來很不一樣，但都很好用，很難論斷孰優孰劣。

應用杯測玩咖啡：三杯測味法

切勿以為杯測很嚴肅，僅供比賽專用，其實，杯測花招不少，也能寓教於樂。建議讀者使用「三杯測味法」（Triangulation），盡情玩弄咖啡。三杯測味顧名思義，就是從三杯咖啡，辨識出味譜不同的一杯。

比方說，兩杯是同一莊園且烘焙度同為中焙，卻故意在第三杯置入同莊園，但烘焙度稍深的中深焙，一起杯測，挑戰能否從酸味和焦香上，辨識出不同的一杯。很容易從中體驗到烘焙度不同，咖啡的酸度與酸質也會起變化。

或是以兩杯零瑕疵豆，配上第三杯的瑕疵總匯，讓味蕾與嗅覺感受零瑕疵與有瑕疵的分野。抑或兩杯同為肯亞的S28搭配第三杯的印尼托巴湖或塔瓦湖曼特寧，藉以了解肯亞的酸香明亮調與印尼的悶香調有何不同。如此一來，很容易能從這些對比性強烈的杯測，體驗到教科書學不到的臨場感官，既有趣又有效。

何不從今天起，設計「三杯測味法」的新招式，一起找碴，增廣自己和同好對咖啡味譜的新認知。

居家簡易杯測這樣做

國際級杯測賽，繁文縟節在所難免，但不要因此卻步，只要掌握標準化烘焙、標準化萃取與標準化評鑑，亦可在家中或為咖啡館員工進行簡易版的杯測訓練。

SCAA杯測賽每支受測樣品需五個杯子，CoE需四個杯子，以檢測各杯的一致性與穩定性，但居家簡易版旨在檢測味譜及口感的區別，每支待測樣品一個杯子即可，初學者每場杯測以3～5支樣品為宜，以免陣仗太大，搞迷糊了，杯測表可有可無，旨在多人同時杯測，相互討論，交流意見，樂趣無窮。以最實用的「三杯測味法」為例，步驟如下頁。

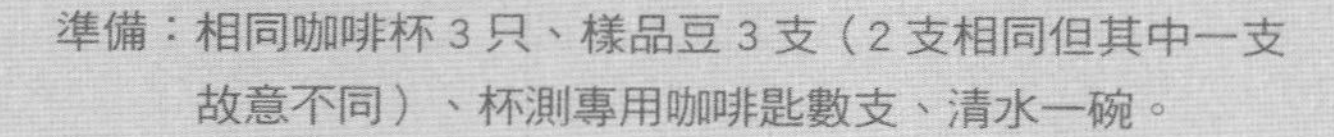

簡易杯測 Step by Step

Step 1. 標準化

準備：相同咖啡杯 3 只、樣品豆 3 支（2 支相同但其中一支故意不同）、杯測專用咖啡匙數支、清水一碗。

Step 1

- 每支樣品豆的烘焙度訂在一爆結束至二爆前，烘焙時間約8～12分鐘。樣品3支，其中一支添加瑕疵豆，磨粉刻度要比虹吸、手沖稍粗，以小飛鷹磨豆機為例，刻度在＃4。

Step 2

- 三支粗細度與重量一致的咖啡粉，分裝在三個杯內，先聞其乾香。包括：酵素作用的酸香和花果香、焦糖化和梅納反應的甜香、乾餾作用的焦香。

Step 3

- 磨粉後需在15分鐘內，以93℃熱水沖泡咖啡，以免久置遭氧化，粉與水的比例為1：18至1：19，浸泡3～5分鐘，勿超過5分鐘。

Step 4

- 第4分鐘，由一人以杯測匙的背面破渣，每杯可撥動三次，此時可聞其濕香。

Step 5

- 接著撈除液面的咖啡渣。

Step 6

- 浸泡第8～10分鐘左右，咖啡液降溫至70～72℃，開始鑑賞液化滋味與濕香。以杯測匙啜吸入口，先感受酸甜苦鹹四滋味，吞下咖啡後，別忘了回氣鼻腔，利用鼻後嗅覺，鑑賞咖啡油脂釋出的氣化味道，諸如焦糖、奶油、花果香等迷人香氣，並留意是否有木頭、土腥、藥水或酸敗的瑕疵雜味以及苦味強弱。除了舌頭的滋味與鼻後嗅覺的氣味外，還需體驗咖啡口感，也就是厚實感與澀感，咖啡在口腔裡的滑順感如何？如果有澀感出現，表示品質有問題了。

Step 7

- 咖啡液降溫至50℃以下或室溫時，務必再啜吸幾口，吞下後再咀嚼幾下，此時最易判斷咖啡的乾淨度、酸質以及甜感如何，些微的雜味很容易在接近室溫時，被味覺與鼻後嗅覺偵測出來。

Step 2. 聞香

Step 3. 注水

Step 4. 破渣

Step 5. 撈渣

Step 6. 70℃啜吸

Step.7 接近室溫再啜吸

Memo ……

添加瑕疵豆的一杯，很容易經由「三杯測味法」辨識出來，因為缺陷豆的蛋白質、脂肪甚至有機酸均變質了，會出現不討好的味譜，如果單獨喝一杯含有瑕疵豆的咖啡，不太容易發現，但在「三杯測味法」的照妖鏡下，只要一杯內含幾顆黑色爛豆，很容易在另外兩杯無瑕疵味的對照下，現出魔鬼尾巴。

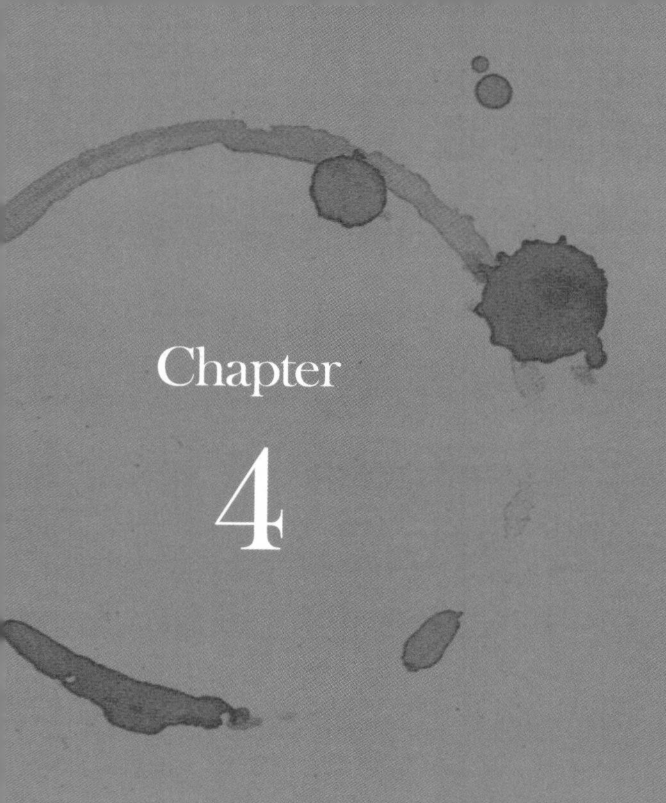

Chapter 4

咖啡風味輪新解：氣味譜

咖啡、美酒和巧克力，風味萬千，豈能以隻字片語形容，研究人員於是繪製專屬的味譜圖，也就是風味輪（Flavor Wheel）加以闡述。十多年來，葡萄酒、啤酒、威士忌、香檳、楓糖漿、香吉士、草莓、巧克力、起士、雪茄、大麻和咖啡的風味輪，爭相出籠，解析奇香的味譜結構。

咖啡味譜圖分為氣味譜與滋味譜，是杯測員進階鑽研的領域。

踏入繽紛多彩的咖啡摩天輪

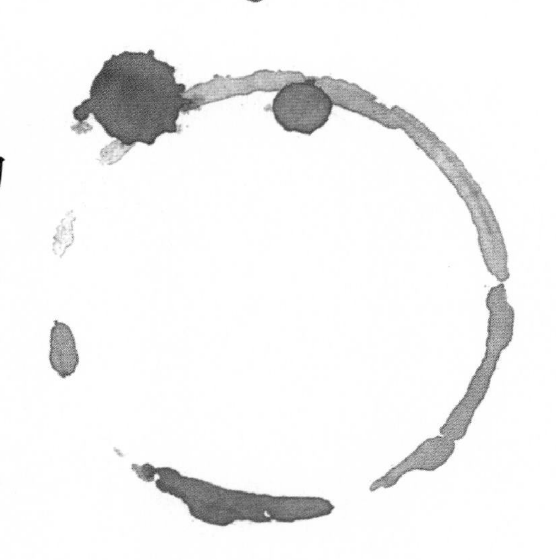

在各類爭香鬥醇的風味輪中，咖啡最為深奧難解。根據伊凡．佛雷曼（Ivon Flament）所著《咖啡香味化學Coffee Flavor Chemistry》指出，1960年至今，科學家已從咖啡生豆分離出三百多種化合物，咖啡熟豆更多，超出八百五十種，研究人員相信咖啡的揮發性、水溶性、有機和無機化合物至少在一千兩百種以上，遠超過巧克力的三百多種以及葡萄酒的一百五十至五百多種。更不可思議的是，咖啡味譜會隨著烘焙度不同而改變，堪稱餐飲界的「變味龍」。

「咖啡品鑑師風味輪」（Coffee Taster's Flavor Wheel，註1），也就是咖啡味譜圖，是1997年SCAA資深顧問泰德．林哥繪製而成，由正常味譜與異常味譜組成。所謂正常味譜，指常態下咖啡應有的味譜，而異常味譜指生豆在不正常狀況下，如製程、運送和儲存不當，致使咖啡的蛋白質、有機酸和脂肪變質，或烘焙失當而出現不好的味譜。本章與第5章以正常咖啡味譜為主，這也是杯測師必修課目，至於異常味譜請參考第二章的瑕疵豆內文。

林哥精心編製的「咖啡風味輪」旨在建立咖啡味譜的統一術語，協助杯測員或專業人士，進一步瞭解咖啡香氣與滋味的內涵，今後描述咖啡的感官領悟，能有共通語言。

然而，「咖啡風味輪」的內容不乏艱深術語，一般咖啡迷或玩家不甚了解，張貼在杯測室或咖啡館內，猶如有看沒懂的無字天書。為了方便解析，筆者不揣淺陋，將林哥繪製的「咖啡風味輪」拆解成兩個扇形圖，即本章的「氣味譜」（圖表4—1），以及「滋味譜」（詳參第5章），並增補資料，以烘焙度及分子量（註2）的不同，做為味譜論述的依據，期使人人都看得懂博大精深的「咖啡摩天輪」。

咖啡味譜由「氣味譜」與「滋味譜」構成；前者指揮發性乾香與濕香，後者指水溶性滋味。「氣味譜」的香氣靠鼻前與鼻後嗅覺來鑑賞；「滋味譜」的液化滋味由味覺來捕捉。咖啡的「氣味」與「滋味」常因品種、海拔、水土、產區、後製、萃取和烘焙度不同而改變，但最大的變因則取決於烘焙度與技術的良劣。

圖表 4 — 1 氣味譜

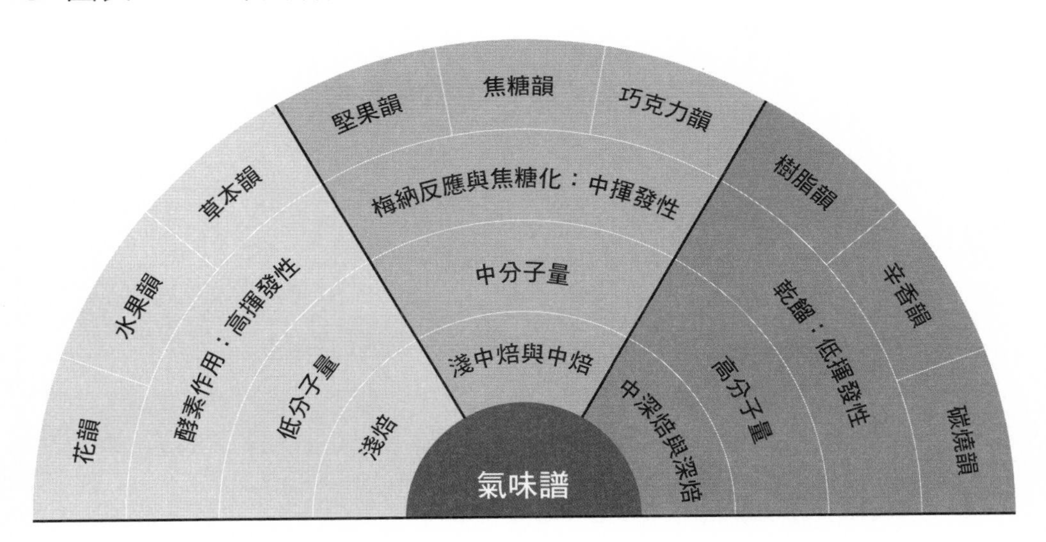

註 1：「咖啡風味輪」在SCAA官方網站有售，每張印有兩圖，一為味譜正常的風味輪，另一為生豆變質的風味輪，售價 12 美元。

註 2：分子是由原子組成，分子量指組成分子的所有原子的原子量總和。基本上，深焙豆的化合物經過不斷脫水與聚合，較為複雜，分子量明顯大於淺中焙。

烘焙度決定味譜走向

完美烘焙的咖啡熟豆富含一千多種化合物，大部份具有揮發性，因此圖4—1的扇形「氣味譜」，會比5—2的扇形「滋味譜」更為複雜。由於烘焙度決定咖啡味譜走向，筆者遂以「淺焙」、「中焙」與「深焙」為論述的基礎。

A.「淺焙」：一爆中段至一爆剛結束，Agtron＃75～＃66。

「淺焙」形成的芳香物，以低分子量化合物居多，香氣與滋味很容易辨識，以花果酸香味、草本、肉桂、豆蔻，以及穀物、堅果和烤麵包為主，質量最輕所以揮發性最高。咖啡的花果酸香味與生俱來，是「酵素作用」的產物，至於穀物與麵包味則是烘焙過程梅納反應初期的氣味。兩者建構淺焙主要味譜。

B.「中焙」指一爆結束後至二爆前，Agtron＃65～＃55。

「中焙」的芳香物以中分子量化合物居多，質量比前者稍高，為中度揮發性，以呋喃化合物（Furan）與吡嗪化合物（Pyrazine）為主，亦有上揚入鼻腔的特性，是烘焙過程焦糖化與梅納反應中期產物，芳香物以焦糖、奶油糖、巧克力為主韻，雖然中焙仍有酸香味、堅果與烤麵包味，但明顯弱於「淺焙」。

C.「中深焙」指二爆初至二爆中段的劇烈爆，Agtron＃54～＃40。

D.「深焙」指二爆尾，Agtron＃40～＃30。

「中深焙」和「深焙」的芳香物為高分子量化合物，質量比前兩者更高，低度揮發性，幾無酸香味，係烘焙末段乾餾作用的產物，以硫醇、樹脂、焦油類和酚類化合物（註3）為主，亦有悶悶的上揚性，可歸納為松脂、酒氣、焦香、嗆香，以及焦糖稀和焦糖素的甘苦味為主調。

三大來源，九大韻味

生豆經過烘焙，產生諸多氣味，彼此互揚互抑，變化萬千，包括水果香、焦糖香、奶油香、樹脂味、酒氣、稻麥香、燉肉香、胡椒味、披薩味和辛香味……很難為咖啡找出一個主味。因此，林哥先把咖啡香氣的來源分為：「酵素作用」、「糖褐變反應」與「乾餾作用」三大類。

A. 淺焙凸顯「酵素作用」的1.「花韻」、2.「水果韻」、3.「草本韻」。

B. 中焙凸顯「糖褐變反應」的1.「堅果韻」、2.「焦糖韻」、3.「巧克力韻」。

C. 深焙凸顯「乾餾作用」的1.「樹脂韻」、2.「辛香韻」、3.「碳燒韻」。

可以這麼說，林哥將「氣味譜」的芳香物分為三大來源與九大韻味，被歸入同一來源的韻味，均有相近的分子量與極性（註4），也就是說具有相似的氣味、水溶性與熔點。先從「酵素作用」談起。

註3：植物含量最多的前四大化學成分依序為：纖維素、半纖維素、木質素和多酚類。多酚是植物抵禦紫外線的武器，也是植物色澤的來源，花青素、單寧、兒茶素與類黃酮均屬多酚類。咖啡富含的酚酸類，如綠原酸、咖啡酸、奎寧酸均是多酚類，亦屬酚類化合物。這些酚酸雖是強效抗氧化物，但烘焙後的降解物均有苦味，是咖啡最大的苦味來源。

註4：簡單的說，極性分子指一分子中，原子的陰電性差異，差異越大，極性越強，水溶性也越強。就咖啡芳香物而言，淺焙含量較多的低分子量有機酸，以及中焙含量較多的中分子量焦糖和巧克力風味物的極性較高，水溶性也較高。但深焙豆高分子量的焦糖稀、焦糖素和樹脂風味物的極性較低，水溶性也較低，因此淺中焙風味分子的水溶性高於深焙豆的芳香物。

淺焙保留花果香氣

淺焙的「氣味譜」主要由「酵素作用」（Enzymatic）的花草水果酸香味，以及梅納反應初期的穀物味主導。因為烘焙度較淺，生豆所含的有機酸以及醛酯類芳香物，破壞程度最輕，很容易表現出來，另外，梅納反應初期半生不熟穀物味也是淺焙豆常有的氣味。

杯測界所稱的「酵素作用」，主要指分子量較低，且具有高度揮發性的花果酸香味與肉桂、青豆等草本芳香味。而「酵素作用」產生這些香氣的機制有二。

一為咖啡種子新陳代謝過程中，會分泌酵素將大單位不易吸收的醣類、蛋白質和脂肪等養分，先分解成較微小的分子，便於種子吸收及萌芽之用，當大單位的養分被酵素分解成小單位的養分，會衍生出蘋果酸、檸檬酸與葡萄酸（酒石酸）……等水果風味的有機酸，以及酯、醛、醇、萜、酮的化合物，其中的酯類化合物更被譽為果香素，因此咖啡的花果酸香物，大部份來自咖啡樹本身酵素作用下的產物。

咖啡酸香味第二來源，是來自後製處理的發酵階段，最明顯是咖啡豆的果膠層在水洗發酵池、乾體發酵或日曬處理時，被酵母菌或細菌分解為乳酸、醋酸等有機酸，增加咖啡的酸香調。基本上，發酵時間愈短，酸味愈低，愈易呈現不明亮的悶酸調，但發酵過度則會增加酸敗惡味。

另外，水洗或乾體發酵後，曬乾過程的長短，亦影響咖啡的酸味，曬乾脫水耗時愈長，發酵程度愈高，糖份會轉成酸性物，因此酸味愈重。印尼曼特寧獨有的濕刨法，可大幅縮短乾燥時間，造就曼特寧低酸悶香的「地域之味」。

杯測師從70℃開始測味，直到室溫才停，就是在尋找以上所述酵素作用下的迷人花香與酸香味，同時也在檢測咖啡是否有發酵過度的酸敗瑕疵味。這類酸香味在淺焙至中焙，也就是一爆中間至二爆前，濃度最高。

林哥大師將「氣味譜」的酵素作用，歸納為三大韻味：1.花韻2.水果韻3.草本韻。筆者稍加調整如以下表列。

1. 花韻：花香與芳香

花香：｜咖啡花｜茉莉花｜茶玫瑰｜薰衣草｜百香果

芳香：｜肉　桂｜豆　蔻｜薄　荷｜茴　香｜檀　香｜羅勒｜薑

2. 水果韻：柑橘與莓果

柑橘：｜桔子｜檸檬｜橘子｜蘋　果｜葡萄｜鳳梨

莓果：｜烏梅｜藍莓｜草莓｜黑醋栗｜櫻桃｜杏桃

3. 草本韻：豆類蔬菜與蔥蒜

草香：｜牧草｜甘蔗｜藥草｜仙草｜小黃瓜｜包心菜｜豌豆

蔥蒜：｜洋蔥｜大蒜｜韭菜｜榴槤｜芹菜

以上是酵素作用所產生的香氣，因為不耐火候，容易在烘焙中被分解，因此爐溫較低的淺焙至中焙，很容易出現這類低分子量，揮發性高的香氣，但進入爐溫更高的深焙領域，這些花果酸香物則會被裂解或轉變為其他高分子量產物。而酵素作用的香氣，筆者簡單詮釋如下。

花味珍稀，橘味精彩

花味是精品咖啡最珍稀的味譜，以咖啡花和茉莉花香為主，衣索匹亞的耶加雪菲、西達莫產區或巴拿馬翡翠莊園的藝伎，因咖啡品種或水土關係，酵素在新陳代謝過程，產生高濃度的香醛（Floral Aldehyde）化合物，而出現迷人花香味，近似茉莉花與百香果的氣味。

咖啡的水果味譜也很精彩，主要以柑橘和莓果類為主，衣索匹亞耶加雪菲與巴拿馬的藝伎，是柑橘味的典型，尤其是巴拿馬翡翠莊園的藝伎，更是橘香之王，熟豆養味幾天，打開袋子，撲鼻的橘香或檸檬皮香氣，令人神迷，此乃咖啡所含香酯與香醛的貢獻。另外，肯亞的國寶品種S28與S34，帶有烏梅與莓果類的甜美酸香，是莓果香氣的典範。

淺焙咖啡也常出現肉桂、豆蔻等香料氣味，這歸因於醛類、酯類、酮類、醇類和萜類的揮發性化合物。有趣的是，淺中焙咖啡所含的果香成分呋喃酮（Furaneol），亦存在草莓與鳳梨……等水果中。

蔥蒜嚇人，蔗香迷人

洋蔥、蒜頭或青蔥在完整未切割的狀態下，細胞壁未破損，不會有嗆鼻氣味，一旦切開後，細胞組織破裂，酵素立刻與原本無味的前驅芳香物結合，才會產生濃嗆刺鼻味。

不可思議的是，咖啡亦有些許蔥蒜味，林哥大師將之納進草本韻的附屬味譜，雖然若有似無，濃度遠低於蔥蒜，但我相信咖啡產生此味譜的機制，應該與蔥蒜的酵素作用不同，可能是咖啡成份太複雜，在烘焙催化過程，因緣際會下，偶爾衍生出蔥蒜味的成份。

難怪有些學生在檢測乾香與濕香過程，常說聞到披薩味、海鮮醬味、蔥蒜味、牛肉湯味……幾乎每人的體驗都不同。如果出現濃濃的洋蔥味，那就不妙了，肯定在發酵過程，咖啡的蛋白質或脂肪變質而生的異味。

衣索匹亞和葉門日曬豆，很容易聞出一股近似榴槤稀釋後的水果發酵味或豆腐乳味，似甜香又有點辛嗆，是咖啡古國獨有的「地域之味」，有人愛死此味，有人走避之。另外，色澤藍綠的精品水洗豆，常散發牧草與甘蔗的綜合清甜香，均屬迷人的草本香。印尼托巴湖林東產區的曼特寧，即使烘到中深焙，有時還聞得到仙草味，相當有趣。

淺焙最易凸顯咖啡豆發育階段所儲存酯醛類和有機酸的揮發性水果酸香味。相對的，瑕疵豆太多的土腥與霉味，以及發酵過度的爛水果酸敗氣味很容易在無修飾的淺中焙，露出馬腳，所以不是精品豆最好不要淺焙，以免自取其辱。

另外，淺焙豆常出現的穀物味，並非「酵素作用」的產物，而是咖啡淺焙至中焙過程，也就是梅納反應初期至中期的味譜，因此被併到淺中焙項下的「梅納反應」與「焦糖化」。

中焙強化堅果焦糖香氣

淺焙的火候較溫和，因此「酵素作用」的花草水果酸香物保留最多，很容易聞出咖啡的花果酸香味。如果繼續烘焙下去，也就是從一爆結束到二爆前的中焙，甚至剛點到二爆的中深焙，「酵素作用」的酸香味大部份已被裂解，改而由「糖褐變反應」（Sugar Browning）與「梅納反應」的味譜取代。中度烘焙的糖褐變反應，主要指焦糖化並產生焦糖香氣，而梅納反應更為複雜，是碳水化合物與胺基酸結合的褐變與造香反應，產生堅果、稻麥、黑巧克力與奶油巧克力的迷人香氣。

Coffee Box

未烘焙過的咖啡生豆，不宜飲用

比較值得注意的是，未經烘焙的咖啡生豆，因為含有催吐成分，諸如丙酸、丁酸和戊酸，如果未經烘焙，直接煮水喝，很容易反胃甚至嘔吐，但烘焙後這些成分都被中和了，反而衍生出更多迷人的香氣。

生豆所含的蔗糖約占豆重的6～9%，是焦糖化的主要原料，蔗糖約在130～170℃左右，被熱解為低分子量的單糖類，即葡萄糖與果糖，並釋出香氣與二氧化碳，但隨著爐溫升高，到了180℃以上，這些低分子量的單糖不斷聚合濃縮，生成顏色更深的中分子量焦糖成分，帶有焦甜香氣，焦糖化進行到攝氏200℃出頭，已近尾聲，最後完全碳化。

因此焦糖化隨著溫度提高，產出不同的化合物，而有不同的氣味，是很複雜的化學反應，科學家至今仍不完全理解。基本上，焦糖化的香氣在中焙至二爆之間，最為迷人（但並非絕對），這也就是為何SCAA杯測賽的烘焙度，會以Agtron＃55的焦糖化程度為準。一旦進入二爆後的深焙世界，味譜則改由更難捉摸的乾餾作用主導。

「呋喃」打造焦糖甜香

咖啡的迷人香氣直到1926年才由兩位頂尖科學家，瑞士的塔迪烏斯．雷契斯坦（Tadeus Reichstein）以及德國的赫曼．史托丁格（Hermann Staudinger）帶頭研究，首度揭開咖啡香的神秘面紗， 1950年後，兩人在科學上的傑出貢獻，分別贏得諾貝爾醫學獎與化學獎，兩位大師堪稱咖啡化學的鼻祖。

雷契斯坦與史托丁格在1926年的研究報告，首度揭櫫呋喃（Furans）、烷基吡嗪（Alkylpyrazines）、二酮（α-diketones）與糠基硫醇（Furfuryl mercaptan）等29類化合物是構成咖啡香氣的主要成分，其中以呋喃化合物最重要，咖啡的焦糖、堅果、奶油、杏仁甚至水果的甜美香氣，均與「呋喃」化合物有關。

兩位大師在當時尚無「氣相層析質譜儀」（GC-MS）

精密儀器輔助的艱困環境下，已難能可貴在咖啡熟豆發現了十多種呋喃化合物。千禧年後，科學家利用GC-MS等儀器，又從咖啡熟豆辨識出一百多種呋喃化合物，但並不全是迷人香，有些呋喃化合物氣味很嗆鼻，讓世人更了解咖啡香氣的組成。

過去以為呋喃是焦糖化的產物，也是中度烘焙焦糖味的主要來源。但近年科學家發覺咖啡香味的生成並不全靠焦糖化，還有許多呋喃化合物是由脂肪降解，甚至單糖（還原糖）與胺基酸交互作用，也就是赫赫有名的梅納反應才是生成更豐富呋喃化合物的主角，因此光靠焦糖化是無法解釋咖啡烘焙的造香過程，梅納反應才是咖啡千香萬味的催生婆。

「梅納反應」勝過「焦糖化」

「梅納反應」是指單糖類碳水化合物（葡萄糖、果糖、麥芽糖、阿拉伯糖和乳糖）與蛋白質（胺基酸）進行一連串降解與聚合反應，顏色也會變深，1912年由法國科學家梅納（Louis Camille Maillard）發現的。

「焦糖化」僅止於糖類受熱的「氧化」或「褐變」反應，「梅納反應」範圍更廣，各類單糖與胺基酸在不同溫度下反應，會產生更龐雜的香氣，遠比焦糖化更為複雜，因為焦糖成份在爐溫持續增加下，再度降解並與胺基酸聚合成吡嗪雜環芳香化合物，這是巧克力風味的來源。然而，一般人誤以為焦糖化是咖啡甜美香醇的主要功臣，而忽視了更重要的梅納反應，這與焦糖化較為動聽，而梅納反應的名稱較為生硬冷僻有絕對關係。

要知道烘焙過程的堅果、杏仁、奶油和巧克力香氣來自梅納反應，而非焦糖化，換言之，咖啡如果只有焦糖化而無梅納反應，就只剩下單調的甘苦味，而不是千香萬味的飲品了。

林哥大師將「氣味譜」的堅果與諸多甜美香氣歸類為焦糖化反應，似乎太簡化甜香的形成，筆者補入梅納反應，期能更接近事實。焦糖化與梅納反應下的「氣味譜」，可歸為三大韻味：1.堅果韻2.焦糖韻3.巧克力韻，如以下表列。

1. 堅果韻：核果與麥芽

核果：｜杏仁｜花生｜胡桃

麥芽：｜玉米｜稻麥｜穀物｜烤麵包

2. 焦糖韻：糖果與糖漿味

糖果：｜太妃糖｜榛果｜甘草

糖漿：｜蜂　蜜｜楓糖｜

3. 巧克力韻：黑巧克力與奶油巧克力

黑巧克力：｜苦香巧克力｜荷蘭巧克力

奶油巧克力：｜瑞士巧克力｜杏仁巧克力

以上是焦糖化與梅納反應在中焙至中深焙過程所產生的「香氣譜」，其烘焙度與分子量依序為：堅果氣味＜焦糖氣味＜巧克力氣味。

換言之，堅果香氣約在淺焙至中焙最明顯；焦糖香氣出現稍晚，約在中焙之後最凸出；巧克力香氣更晚，約在中焙至中深焙，甚至深焙也有。基本上，堅果、焦糖與巧克力氣味的分子量與烘焙度，均高於酵素作用的水果酸香味。如果再續繼烘焙下去，進入中深焙或深焙世界，化合物不斷脫水與聚合反應，分子量更高，豆表顏色更深且揮發性更低，但苦味更高，呈現截然不同的乾餾味譜。

深焙凸顯木質燻香

淺焙派獨鍾花草水果酸香的明亮氣味，但無藥可救的深焙迷卻愛上樹脂成分（註5）的薰香、悶香、嗆香與酒氣，此乃梅納反應與乾餾作用的產物。「乾餾作用」（Dry Distillation）是指固體或有機物隔離空氣，乾燒到完全碳化，而隔絕空氣旨在防止氧氣助燃或爆炸。

以木片包在錫箔紙內進行乾餾為例，可製造木炭並生成甲醇、醋酸、焦油和煤氣等焦嗆產物。咖啡烘焙雖在半封閉的滾筒或金屬槽進行，氧氣仍可進出，似乎不像乾餾的無氧悶燒環境，但在正常烘焙狀況下，咖啡豆不可能烘到完全碳化燃燒，因此重焙豆在燃燒前出爐，所經歷的脫水、熱解、脫氫和焦化，均與乾餾差不多，而且重焙豆也會生成很多焦香或辛嗆氣味成份。因此林哥將深焙的香氣歸因於乾餾作用，不愧為大師的詮釋。

淺焙與中焙的芳香物屬於低、中分子量，但進入二爆後的深焙世界，碳化加劇，焦糖化氣數已盡，但梅納反應持續進行，胺基酸與多醣類的纖維，不斷降解與聚合，產生更多高分子量的黏稠化合物，香味詮釋權從焦糖化轉由梅納反應與乾餾主導，以焦香、悶香與辛嗆為主。

老美常說：「One Man's Meat Is Another Man's Poison」，即某人視為美味，他人卻視同毒藥。重焙咖啡正是如此，愛者如癡，恨者如仇。乾餾的「香氣譜」分為三大類：1. 樹脂韻 2.辛香韻 3.碳化韻，如以下表列。

1. 樹脂韻：松節油與嗆藥味

松節油：｜松　脂｜菊　苣｜香 桃 木｜酒氣｜黑醋栗枝葉

嗆藥味：｜迷迭香｜桉油醇｜尤加利葉｜樟腦

2. 辛香韻：溫暖與嗆香

溫暖：｜杉　木｜香柏｜芹菜籽｜胡椒｜肉豆蔻

嗆香：｜玉桂子｜丁香｜月桂葉｜苦杏｜百里香｜辣椒｜

3. 碳化韻：嗆煙與灰燼味

嗆煙味：｜焦油｜柏油｜輪胎｜菸草

灰燼味：｜燒焦｜焦碳

註 5：松柏類的松科與杉科，皆分泌萜烯類化合物的松脂，具有辛香味以抵禦蟲害或松鼠啃食。

褒貶不一的松杉香氣

雖然林哥所繪的風味輪，將松脂香以及無尾熊最愛的尤加利葉‥‥‧等辛嗆味，歸類為乾餾作用的香氣。但這類辛香味並非深焙的專利，尚未進入二爆的中焙亦常出現。

最近美國杯測界就為哥倫比亞南部產區娜玲妞（Narino）、胡伊拉（Huila）的「超凡杯」優勝咖啡，以及薩爾瓦多國寶品種帕卡瑪拉（Pacamara）、夏威夷柯娜和林東曼特寧，時而有松香味（piney），而且宏都拉斯知名莊園豆亦有尤加利樹的香氣，大惑不解，經專家熱烈討論後，最後結論是，這些咖啡莊園說巧不巧，皆有種松樹、杉樹或尤加利樹，這可能是松杉香氣的來源。但仍有專家不相信咖啡樹附近種了松、杉、樟腦或尤加利樹，辛香成分會被咖啡種籽吸收，而且經過烘焙後，居然成為揮發性香味，被鼻子聞出。此議題又為浪漫咖啡香添增幾許驚奇。

松脂香究竟該加分或扣分？業界亦有不同聲音，有人認為松節油是噁心的雜味，但另有人認為似有若無的松杉香可增加層次感。持平而論，咖啡淡雅的松杉香氣只要不嗆鼻，並非不好。要知道咖啡豆本身是硬質的纖維質，多少會有木頭味或紙漿味，巴西平地的大宗商用豆就有此問題，反觀1,500公尺以上的優質阿拉比卡豆，沖泡後散發清淡溫馨的傢俱松杉香，總比陳腐的朽木味更令人驚喜吧！

至於深焙豆惱人的碳化煙嗆味，多半來自銀皮或纖維的碳化粒子堆積豆表所致，另一部分來自高分子量的揮發性雜環化物以及酚類化合物。因此，乾餾作用打造的樹脂香、辛香以及碳化氣味中，只要焦嗆味有效控制，進而凸顯淡雅的松香、雪松、冷杉香，甚至松節油微微的酒氣，就應該給予掌聲才對。

纖維素是萬香之源

以上是烘焙進入二爆後，乾餾作用與梅納反應的「氣味譜」，看來挺嚇人，居然有松脂味和碳化味，然而，二爆後的中深焙至深焙，因酸味較低，卻是普羅大眾最能接受的烘焙度，南台灣尤其明顯，淺中焙的酸香韻在南部怕酸不怕苦的咖啡市場，並不吃香。

雖然近年歐美吹起精品咖啡「第三波」旋風，以較淺的中焙至中深焙為主，很少烘焙到二爆尾的深焙（Agtron＃30～40）或二爆結束（Agtron＃20～30）的重焙，但是二爆尾的烘焙度卻是十多年前精品咖啡「第二波」的絕活，豆表油亮亮的，技術好的話，不但不焦苦，還散發醇酒與松脂的甜嗆味，近似香蕉油（醋酸異戊酯）、樹脂、香杉或肉豆蔻的嗆香，又如同居家松木傢俱的溫馨香氣，每逢寒冬，一杯在手，溫暖上心頭。

美國西雅圖知名的Caffe D'arte堪為此嗆香的典型，萃取出來的濃縮咖啡會有酒氣與杉柏的香味，煞是迷人。

最近科學家發現中深焙與深焙咖啡的濃郁香氣，不是來自蔗糖的焦糖化，而是來自生豆厚實細胞壁結構的多醣類纖維素，這才是孕育硫醇化合物（Mercaptan compounds）的「溫床」，而硫醇化合物則是熟豆散發濃香與酒氣的主要來源。

「硫醇」造就深焙濃香

自從雷契斯坦與史托丁格兩位諾貝爾桂冠，1926年的研究報告指出呋喃、硫醇化物、烷基吡嗪、二酮與是打造咖啡香的要角後，七十多年來，科學家在這方面的研究有了重大進展，全球知名的卡夫食品公司（Kraft Foods）化學家湯瑪士．帕勒曼（Thomas H. Parliment）與豪爾．史脫（Howard D. Stahl）以及英國牛津化學公司（Oxford Chemicals）的大衛．羅威（David Rowe）等學者研究報告，不約而同指出咖啡的迷人香，不論淺焙、中焙或重焙，主要來自硫醇化合物，也就是「硫醇」（Mercaptan或

Thiol）與「呋喃」、「乙醇」、「酮類」或「醛類」衍生的濃香化合物。

但咖啡生豆並不含這類化合物，硫醇化合物是在烈火焠煉下的產物，會隨著烘焙度加深而增加，硫醇化物的生成恰與怕火的酸香物背道而馳，深焙豆的硫醇濃度明顯高於淺中焙，這就是為何進入二爆的熟豆會比一爆尚未結束的咖啡，更香醇迷人，且更為普羅大眾接受。

打開咖啡袋或磨成粉時，飄出令人陶醉的酒香，主要來自硫醇化物，但它很容易氧化，新鮮熟豆的硫醇化合物含量遠高於不新鮮的走味豆，因此學術界常以硫醇含量多寡，做為判定咖啡是否新鮮的標準。

硫醇身世揭密

根據《咖啡香味化學》收錄帕勒曼與史脫的研究指出，硫醇化合物的前驅成份：「阿拉伯半乳聚糖」（Arabinogalactan）以及「半胱胺酸」（Cysteine），就儲藏在咖啡豆厚實細胞壁的纖維素（Cellulose）與木質素（Lignin）內。

而合成硫醇化合物的原料之一「呋喃甲醛」（Furfuryl）就是「阿拉伯半乳聚糖」的降解產物，而硫醇化合物的第二原料「硫」，來自「半胱胺酸」熱解的產物。換言之，硫醇化合物是咖啡豆細胞壁纖維素、木質素和胺基酸降解與聚合反應的芳香產物，說穿了還是醣類與胺基酸的梅納反應功勞，硫醇化物也可說是「呋喃」以及「醛酮」類與「硫」的聚合物。

一般人看到「硫」這個字會聯想到硫磺與臭雞蛋的惡味，但硫與呋喃和醛酮類結合，會造出迷人香，此乃咖啡濃香的最高機密！

帕勒曼與史脫在美國化學協會（American Chemical Society）發表的《食品中的硫化物》（The Sulfur Compounds in Foods）指出，硫醇會隨著咖啡烘焙度增加而增加，根據氣相層析儀測得的結果，極淺焙咖啡（Agtron＃95）的硫醇單位不到一萬；中焙（Agtron＃55）的硫醇劇增到五萬單位；深焙（Agtron＃32）的硫醇飆高到七萬單位。

實驗室中以「碳水化合物」以及「半胱胺酸」複製硫醇，皆需以較高的能量才能造出，這與硫醇在中深焙以上的含量遠高於淺中焙，不謀而合，顯示硫醇的產出，需要較高的能量。

硫醇化物帶有巧克力、奶油糖、可可、焦香、蛋香，甚至肉香，是淺、中、深焙咖啡的濃香功臣。另外，還有三個化合物與咖啡香密不可分，包括「4-乙基愈創木酚」（4-ethylguaiacol）、「烷基吡嗪」（Alkylpyrazines）以及「異戊烯基硫醇」（Prenyl mercaptan）。三者又與咖啡厚實的細胞壁有關，咖啡豆的纖維素高占豆重的40%，這使得咖啡細胞壁結構遠比其他種籽更為堅硬肥厚。

帕勒曼與史脫在《咖啡為何這麼香？》（What Makes That Coffee Smell So Good？）的結語指出，先前的研究均顯示，硫醇化物的前驅成分，極可能就藏在咖啡厚實堅硬的細胞壁內，此一發現足為「咖啡為何比其他種籽或豆類更為香醇迷人」的疑問，提供部份解答。

深焙切忌走火入魔

筆者曾以滾筒式烘焙機，試烘黃豆、黑豆、腰果、甜杏、南瓜子，發現這些豆類或堅果，質地鬆軟，不耐火候的缺點，雖然也有香味，但較之咖啡，天差地遠。過去，咖啡化學家聚焦於咖啡的蔗糖、脂肪、蛋白脂、胡蘆巴鹼……等前驅芳香物，但近年已轉向久遭疏忽的咖啡細胞壁與多醣類的構造問題。如何透過生化、栽植科技和後製處理，提高咖啡細胞壁的厚實度，進而提升烘焙後的風味，將是重要課題。

雖然以上的研究指出，硫醇隨著烘焙度加深而增加，但請勿曲解為咖啡烘愈深愈香醇，要知道烘焙是千百種化合物極為複雜的降解與聚合反應，硫醇雖隨著烘焙度而增加，但深焙所累積的「碳化焦嗆粒子」以及「綠原酸」的劇苦降解物也急速增加中，很容易遮掩或抵消硫醇的香醇，未蒙其利先受其害。

如果深焙或重焙技術不夠純熟，切忌走火入魔，最好以二爆初或二爆中段的密集爆趕緊出爐，以免得不償失，因為有能耐將二爆尾的碳化程度及焦嗆味控制到最低的烘焙大師，相當罕見了。

本章參考書目：
1.《Coffee Flavor Chemistry》by Ivon Flament, Yvonne Bessière
2.《The Coffee Cuppers's Handbook》 by Ted R. Lingle
3.《High Impact Aroma Chemicals Part 2:the Good, the Bad, and the Ugly》by David Rowe
4.《Thermal Generation of Flavors and Off-flavors》by Thomas Hofmann
5.《The Millard Reaction in Foods and Nutrition》 by G. Walter

挑戰咖啡氣味譜

2011年8月，領有SCAA證照的指導老師黃緯綸，帶領首批碧利高材生，遠赴SCAA總部，應考「精品咖啡鑑定師」（Q Grader）與杯測師證照。以下照片是考場實景。即使考取SCAA證照，有效期只有兩年，學員仍需秉持「學海無涯，唯勤是岸」，終生學習的態度，才跟得上精品咖啡學，日新月異的進化腳步。

1 考生在朦朧的「紅燈區」享樂？ 不不，別誤會，他們被設計在一間紅色光譜的房間內，以嗅覺辨識不同的氣味譜。這是 SCAA 檢測學員嗅覺靈敏度的奇招之一，因為在紅色光譜室，學員無法用眼力分辨烘焙色度的差異，只好全靠嗅覺來應考。黃緯綸／攝影。

2 考生以嗅覺分辨咖啡樣品彼此不同的味譜，分類錯了就要扣分。黃緯綸／攝影。

3 應考精品咖啡鑑定師的學員，向 SCAA 三名主考官詳述自己辨識香氣的體驗與感受，現場氣氛肅殺緊張。黃緯綸／攝影。

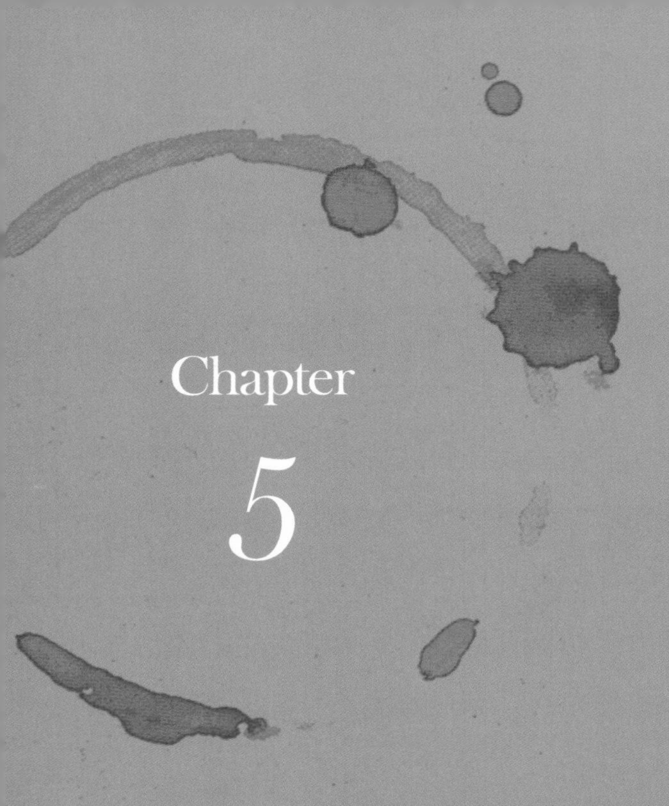

Chapter

5

咖啡風味輪新解：滋味譜

咖啡只有酸、甜、苦、鹹四種水溶性滋味，因此，「滋味譜」不若前一章介紹的「氣味譜」那麼複雜。有些酸味與甜味芳香物，只有揮發性，需靠嗅覺辨識；有些則無揮發性，只有水溶性，需靠味蕾辨識；另有些酸甜成分兼具揮發性與水溶性，因此酸味與甜味往往可呈現嗅覺與味覺的雙重感官。

至於苦味與鹹味則無揮發性，用鼻子聞不到，純粹屬於味覺辨識的滋味範疇了。

咖啡滋味大揭密

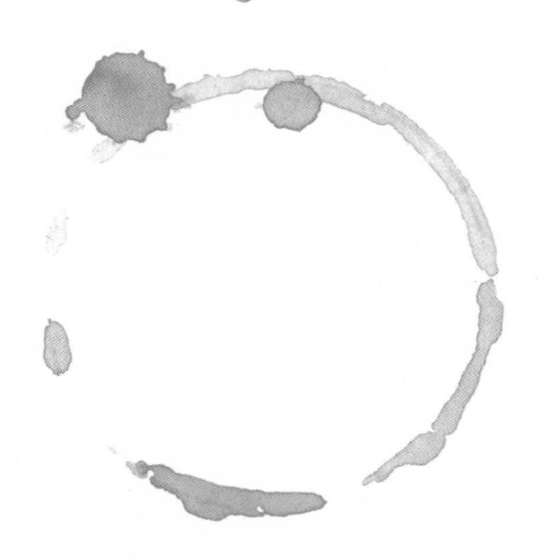

咖啡的酸、甜、苦、鹹四大滋味的表現，與烘焙度密切相關，因此「滋味譜」以淺中焙與深烘重焙來歸類。巧合的是，淺中焙「酸甜」滋味物的分子量較低，且極性較高，水溶性也高，往往在萃取前半段就溶解而出。但「苦鹹」滋味物，分子量較高且極性較低，水溶性也低，往往在萃取後半段才溶出。

咖啡淺焙至中焙的滋味以低分子量與中分子量的酸甜味為主，但瑕疵豆太多或烘焙不當，即使淺中焙也會出現不討好的苦鹹滋味。至於深焙則以高分子量的苦味與鹹味為主，除非你熟稔傳統滾筒式烘焙機的深焙之道，否則不易打破深焙豆苦中帶鹹的宿命。

但深焙絕非一無是處，最珍稀的深焙味譜——「濃而不苦，甘醇潤喉」，經過試驗，並非神話。

一般烘焙好的咖啡豆有70%～72%是不溶於水的纖維質，水溶性滋味成分僅占熟豆重量的28%至30%，而這些可溶滋味物的內容如何？SCAA資深顧問林哥的大作《咖啡杯測員手冊》，收錄相關數據，筆者稍加整理如以下表列：

圖 5 — 1　咖啡水溶性滋味物占比

滋味	化合物	占可溶物百分比
	甜味	
碳水化合物	焦糖	35%
蛋白質	胺基酸	4%
	鹹味	
氧化礦物質	氧化鉀	8.4%
	磷酸酐	2.1%
	氧化鈣	2.1%
	氧化鎂	0.5%
	氧化鈉	0.5%
	其他氧化物	0.4%
	酸味	
不揮發有機酸	咖啡酸（綠原酸降解物）	1.4%
	檸檬酸	小於 1.0%
	蘋果酸	小於 1.0%
	酒石酸（葡萄酸）	小於 1.0%
揮發性有機酸	醋酸	小於 1.0%
	苦味	
植物鹼	咖啡因	3.5%
	胡蘆巴鹼	3.5%
不揮發有機酸	奎寧酸（綠原酸降解物）	1.4%
酚酸	綠原酸	13.0%
多酚	酚類化合物	5.0%

＊百分比表示各滋味成分占咖啡可溶物的重量比率。

以上數據是咖啡熟豆酸、甜、苦、鹹可溶滋味物的重量占比，顯然甜味成分最多，高占可溶物的39%，其次是苦味物26.4%，鹹味以14%排第三，酸味占比最低，不超過5.4%，加總起來為84.8%，其餘未表列的，應該是含量較少的滋味物。

但林哥並未說明取樣的烘焙度，姑且以杯測慣用的中度烘焙Agtron＃55視之，烘焙度不同，這些數值還會有出入，但只要在適口範圍內的烘焙度，上述滋味物占比的排序不致有變動。

但請勿望文生義，以為甜味占比最高，咖啡理當甜如蜜，事實並非如此，黑咖啡的苦味、酸味甚至鹹味，很容易干擾甜味，這牽涉到酸、苦、鹹、甜四味複雜的互抵與互揚關係。唯有生豆的細胞壁肥厚，而且蔗糖與胺基酸含量高於平均值，加上完美烘焙，甜味才能掙脫其他三味的「圍剿」，脫穎而出。因此甜味是精品咖啡最難能可貴的開心滋味。

酸、甜、苦、鹹四滋味在淺中焙皆可能出現，但進入深焙世界，有機酸已被裂解殆盡，味譜簡化為分子量更高的甘、苦、鹹三種滋味。先從淺中焙「滋味譜」談起，再論重焙「滋味譜」。

圖表 5 — 2 淺中焙「滋味譜」

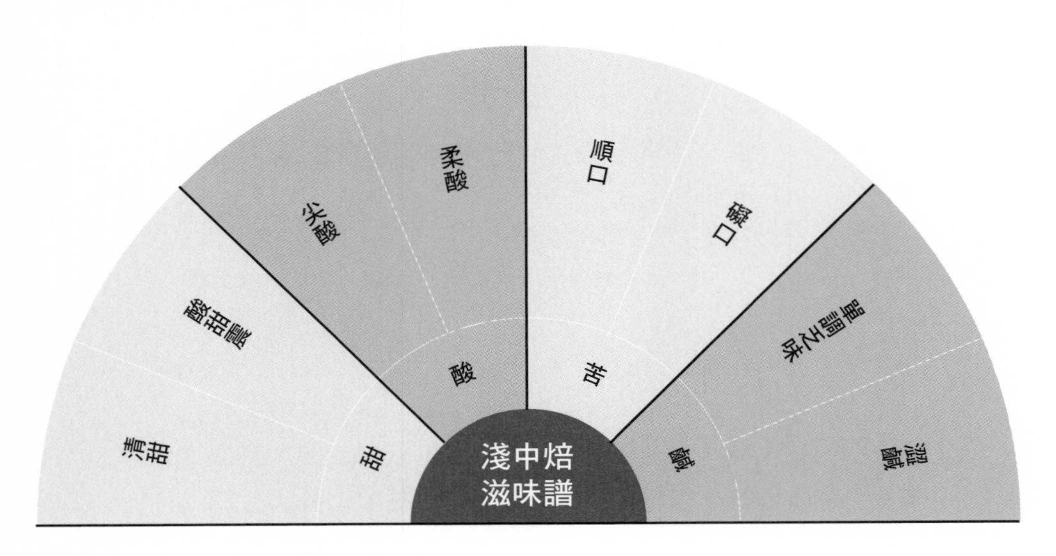

淺中焙滋味譜・酸味譜：尖酸與柔酸

尖酸：｜活潑｜明亮｜酸震｜酒酸味｜礙口｜雜酸｜水洗法

柔酸：｜柔順｜悶酸｜層次｜生津｜日曬法｜濕刨法｜蜜處理

脂肪族酸助長咖啡酸味

酸味是淺中焙咖啡最大特色，咖啡豆含有各種有機酸，以酚酸（Phenolic acids）、脂肪族酸（Aliphatic acids）和胺基酸，對滋味影響最大。林哥的《咖啡杯測員手冊》指出，在味覺上，如果胺基酸（包括半胱胺酸、亮胺酸、谷胺酸、天冬醯胺酸）濃度較高，易有甜味；如果酚酸（包括綠原酸與奎寧酸）濃度高易有苦味；但脂肪族酸（包括醋酸、乳酸、檸檬酸、蘋果酸、酒石酸、甲酸）濃度高易有尖酸味。雖然咖啡的脂肪族酸含量占可溶物的5.4%，遠不如酚酸（占可溶物13%），但脂肪族酸帶有大量的氫離子，是咖啡酸滋味的主要來源。

基本上，脂肪族酸可增加咖啡的明亮度，而且易與黑咖啡的甜、苦、鹹三味互動，呈現有趣的滋味。其中的檸檬酸與蘋果酸並無揮發性，是咖啡豆本身新陳代謝的產物，易與黑咖啡的糖分結合，降低不討好的尖酸味，而產生近似葡萄酒的剔透酸質，增加淺中焙咖啡的活潑度與層次感，但是檸檬酸與蘋果酸畏火，從烘焙開始一路遞減。

值得留意的是醋酸和乳酸（揮發性脂肪族酸），並非咖啡豆本身新陳代謝產物，生豆幾乎不含，主要來源有二：

其一，來自水洗發酵過程的衍生物，如果水洗發酵過度，醋酸與乳酸濃度飆高，產生令人惡心的酸敗惡味。

其二，來自烘焙過程，蔗糖降解的產物，在淺焙至中焙，蔗糖降解，醋酸和乳酸濃度因而升高，但到了某一頂點，瞬間劇降，這就是為何淺中焙酸味明顯的原因，但進入中焙後的中深焙，乳酸與醋酸迅速瓦解，酸味降低。

簡而言之，檸檬酸、蘋果酸、醋酸和乳酸是淺中焙咖啡，酸溜溜的功臣，但濃度過高亦可壞事，尤其是發酵過度的醋酸和乳酸所造成的尖酸味最為礙口。

圖表 5 — 3

重要脂肪族酸占咖啡豆重量百分比		
名稱	生豆	熟豆
甲酸	微量	0.06 ～ 0.15%
醋酸	0.01%	0.25 ～ 0.34%
乳酸	微量	0.02 ～ 0.03%
檸檬酸	0.7 ～ 1.4%	0.3 ～ 1.1%
蘋果酸	0.3 ～ 0.7%	0.1 ～ 0.4%
奎寧酸與奎寧內酯（酚酸）	0.3 ～ 0.5%	0.6 ～ 1.2%

*取材自Viani, R. In Caffeine, Coffee, and Health. New York, 1993.

從圖表5—3，可看出脂肪族酸在生豆與熟豆的占比。請注意檸檬酸與蘋果酸烘焙後明顯降低，而醋酸、乳酸卻反其道而行，在淺焙至中焙時，有增生現象。

研究發現，中度烘焙，也就是失重率在13～15%時，各類脂肪族酸含量最多，之後急速降解，酸味漸鈍。有趣的是酚酸類的奎寧酸或奎寧內酯，是綠原酸降解的產物，會隨著烘焙度而增加，直至重焙才會瓦解。

酸過頭的發酵味

一般水洗豆明顯比日曬豆更酸嘴，主要是水洗豆的醋酸與乳酸含量較高所致。日曬豆的含鹽礦物較多，中和黑咖啡的酸性物，因此酸味較溫柔調和，但日曬或半水洗處理法的成份較雜，乾淨度與剔透感較差，因此酸質比水洗豆沈悶。

尖酸、活潑與剔透是淺中焙水洗豆的特色，而柔酸或悶酸則是日曬豆特色，但發酵過度的日曬豆或蜜處理法，也會有駭人的雜酸味。

活潑酸固然是淺中焙重要的滋味，但杯測時要注意，入口的是令人愉悅有動感的活潑酸，抑或令人皺眉的死酸。所謂的活潑酸是指果酸入口，「酸震」幾秒即化，並引出水果的酸甜味，也就是酸中帶有香甜滋味，稱之為「酸甜震」不為過。

至於發酵過度的死酸，是指一路酸到底，像黏住舌頭，缺欠羽化的律動感，尖酸難忍。淺中焙咖啡的酸鹼值（pH值）約在4.8～5.1左右，中深焙在5.2以上，深焙或重焙的酸度較低，在5.4以上。至於發酵過度的尖酸咖啡，酸鹼值往往低於4.8。淺焙派的嗜酸族，你喝到的是正常活潑酸或發酵過度的死酸？切勿走火入魔，將發酵過度的尖酸視為人間美味。

反覆加熱的雜酸

還有一個雜酸問題值得注意。大家都有個經驗，美式濾泡咖啡機泡好後，持續以80℃加熱保溫，二十分鐘後，香味不見了，活潑酸變成雜味十足的死酸味，甚至有微鹹的醬味。

根據浩克（Hucke, J ）與邁爾（Maier, H）兩位學者的研究，這是因為硫醇氧化走味了，另外奎寧酸在烘焙時，有一部份脫水成微苦且無酸味的「奎寧內酯」（quinide），一旦泡成咖啡後會有悅口的微苦味，但黑咖啡久置在80℃以上的保溫環境下，奎寧內酯又會水解成更多氫離子和奎寧酸，增加不討好的雜酸味，如果黑咖啡持續保溫長達一小時以上，酸鹼值會劇降到4.6以下，帶有濃濃雜酸味。

有趣的是，咖啡泡好後，不要保溫加熱，任其自然放涼，酸味雖增強了，但卻不是雜酸味而是乾淨剔透的酸香味且多了水果的酸甜感和黑糖味，值得回味。

「酸味譜」不妨如此歸類，脂肪族酸尤其是水果類，可提升咖啡明亮度、動感與酸質，但切勿把發酵過度的醋酸和乳酸，視為順口的優質酸，另外，咖啡泡好後最好不要加熱保溫，以免香酸氧化成雜酸。至於酚類化合物主要來自綠原酸的降解物，對苦味影響遠甚於酸味。

淺中焙滋味譜 · 苦味譜：順口與礙口

順口苦：｜微苦｜甘苦｜苦香
礙口苦：｜澀苦｜酸苦｜焦苦｜雜苦

苦味是咖啡四大滋味之一，但無揮發性只有水溶性，因此很多人怕苦，寧願聞咖啡香也不肯喝咖啡。咖啡的苦滋味可歸類為順口與礙口兩種；前者指咖啡因、胡蘆巴鹼、脂肪族酸和奎寧內酯天然的微苦味；後者礙口苦味，指綠原酸的降解物綠原酸內酯（Chlorogenic acid lactones）、瑕疵豆和碳化粒子的重苦味。可以這麼說，烘焙技術良窳，攸關咖啡的苦味是悅口或礙口。

綠原酸增加苦味與澀感

很多人以為只有深焙或重焙才會苦，其實烘焙技術差，既使二爆前的淺中焙也會有礙口的苦味。譬如說，烘焙時間拖太久且風門緊閉或開太小，爐內碳化粒子無法排出，堆積豆表，或是煙管太久未清除油垢，即使淺中焙也會有嚴重的燥苦或焦苦味。

另外，酚酸類的綠原酸在烘焙過程，多半會降解為奎寧酸、咖啡酸和綠原酸內酯，這些產物會增加咖啡的苦味，如果綠原酸殘留太多，則澀感加重，甚而出現澀苦味。羅巴斯塔的綠原酸含量高出阿拉比卡的一倍，因此苦澀較重。最糟的是瑕疵豆太多，尤其是未挑除乾淨的黑色豆，在淺中焙也會有難以下嚥的雜苦味。

咖啡因微苦味

白色粉末的咖啡因植物鹼，嘗起來有苦味，但熔點高達238℃，遠超出一般咖啡190～230℃的出爐溫，故咖啡因在烘焙過程，不論淺中焙或重焙，並未受損。研究也發現咖啡因並非咖啡苦味的元兇，充其量只占咖啡苦味的10%～15%，因為泡煮成咖啡已被稀釋了，算是順口的微苦味。

咖啡因的苦味要被味覺喝出的門檻濃度是200ppm（200mg/kg），除非沖泡濃一點才喝得到咖啡因的苦味。有趣的是，人工低因咖啡雖只含0.03%的微量咖啡因，但連杯測師也喝不出低因咖啡的苦味與正常咖啡有何不同，顯見咖啡因並非咖啡苦口的主因。

胡蘆巴鹼意外的甘苦味

胡蘆巴鹼是咖啡苦味的重要因子，所幸不耐火候，烘焙度愈深，胡蘆巴鹼裂解愈多，苦味就愈低，照理說淺中焙的胡蘆巴鹼降解少於深焙，因此淺中焙的苦味會高於深焙。但實際情況卻非如此，淺中焙的苦味明顯低於深焙。科學家研究後發現，原來淺中焙殘餘較多的胡蘆巴鹼的苦味，居然和淺中焙碳化程度較低且甜度較高的焦糖結合，產生悅口的甘苦滋味。

反觀深焙的胡蘆巴鹼雖已降解殆盡，幾無苦味，但深焙的焦糖，碳化程度較高，苦味較高（但並非絕對），反而抵消了胡蘆巴鹼降解後無苦味的功勞。可見胡蘆巴鹼與焦糖在淺中焙與深焙的甘苦平衡上，占有一席之地。

淺中焙滋味譜 · 甜味譜：酸甜與清甜

酸甜：｜水果味｜酸甜互揚｜酸甜震｜焦糖尾韻｜高海拔水洗豆

清甜：｜柔順｜甜鹹中和｜黑糖尾韻｜日曬味｜中海拔水洗豆

咖啡四大水溶滋味物，以甜味最多，高占可溶物的39%。生豆所含的蔗糖、乙醇、甘醇類（glycols）和胺基酸等成分，經過烘焙的焦糖化與梅納反應，濃縮成許多甜美物質，其中的焦糖、呋喃化合物是咖啡甜味主要來源。

雖然焦糖的揮發香氣很容易以回氣鼻腔技巧，用鼻後嗅覺來享受，但味覺要喝出黑咖啡的甜味並不容易，因為甜味常被其他酸、苦、鹹成分干擾，不易跳脫出來，除非熟豆的甜味成分高出平均值，才可能突圍而出，喝出甜滋味。換言之，嗅覺遠比味覺更容易享受到咖啡的甜感。

酸甜互補增甜

因此，杯測在味覺部份很重視糖分與酸味和鹹味的互動滋味。淺中焙「甜味譜」的酸甜味就是甜味與酸味的互動滋味，最常出現在1,300公尺以上高海拔水洗豆，如果檸檬酸、蘋果酸和醋酸含量不低，會有尖酸味，但如果咖啡的糖分含量高，就可中和部份果酸，使得尖酸變得柔順、活潑有動感，而有水果風味，並出現有趣的「酸甜震」滋味。

「酸甜震」的咖啡放涼後，很容易出現黑砂糖或焦糖的甜感與香氣。雖說咖啡最佳品啜溫度是85℃，內行人會從中高溫喝到室溫，體驗高海拔阿拉比卡酸中帶甜的震撼。

鹹甜互揚增甜

淺中焙「甜味譜」的清甜味，主要指日曬豆的甜味，由於日曬處理的脂肪族酸含量較低，礦物質所含的鹹味成分很容易與糖分互揚，產生清甜的滋味，但是日曬豆的糖分若低於平均質，就容易出現鹹味。另外，清甜滋味也常見於海拔1,300公尺以下的中海拔水洗豆或半水洗豆，印尼和海島產國的台灣以及牙買加藍山，常有此甜感。

淺中焙滋味譜 • 鹹味譜：微鹹亦不討好

微鹹：｜淺中焙｜木頭味｜單調

重鹹：｜深焙｜咬喉｜鹹澀｜濃度太高

欠缺有機物易鹹

咖啡四大滋味中，鹹味較鮮為人知，甚至有人喝了大半輩子咖啡，還不知咖啡也會鹹。咖啡鹹味來自所含的礦物質，包括：氯化物、溴化物、碘化物、硝酸鹽、硫酸鉀、硫酸鋰，以及鈉鎂鈣等無機物。

這些鹹味成分約占咖啡可溶滋味物重量的14%（請參圖表5—1），雖然咖啡的鹹味無所不在，但往往在酸與甜的互動下，被遮掩於無形。一旦黑咖啡喝出鹹味，表示酸味與甜味的有機物已氧化殆盡，致使無機物的鹹味被凸顯，可視為咖啡走味或不新鮮的警訊。

巴西商用豆風味貧乏單調，主要是鹹味的無機物含量較一般產地來得高，中和了有機酸與糖分，因此喝來空空的，如果巴西豆的糖分和有機酸含量太低，就很容易出現鹹滋味。印尼豆也常有微鹹味，這和海拔較低或阿拉比卡與羅巴斯塔混血品種較多，有所關係。我的粗淺經驗是，有鹹味的咖啡，多半會有木屑味，這也是欠缺有機物的佐證。基本上，淺中焙咖啡的鹹味較淡，遠不及重焙明顯。

深焙增鹹

常喝南義重焙濃縮咖啡的人，對重鹹咖啡應有切身之痛，出爐後的前五天喝來甘醇有勁，但一周後，鹹味出來撒野，一掃品啜雅興。為何烘焙度較深的咖啡易有鹹味？這不難理解，因為重焙豆的纖維質較鬆軟，細胞壁的蜂巢狀空隙多，排氣也較旺，有機物更易被排出的二氧化碳帶走，而且油質滲出豆表，加速氧化進程。另外，重焙豆的有機酸含量遠低於淺中焙，因此鹹味成分很容易跳出來虐待味蕾。

可以這麼說，酸甜有機物較豐富的咖啡，足以抑制鹹味出現，但有機物含量少，烘焙度較深，新鮮度不夠，甚至沖泡濃度較高，往往成了鹹咖啡的溫床。就杯測而言，甜味最為熱盼渴求，微苦與柔酸亦可增加味譜的豐富度，但鹹味則是負面滋味，即使微鹹亦不討好。

重焙滋味譜，唯技術是問

以上是二爆前，淺中焙酸甜苦鹹的味譜，如果繼續烘下去，進入二爆中段的深焙，甚至烘到二爆結束的重焙，咖啡味譜丕變，脂肪族酸降解殆盡，明亮的酸滋味消失，碳化加劇且酚類二級降解物增加，苦味加重，味譜簡化為沈悶的「焦苦」、「重鹹」與「甘醇」三大類。可惜的是，十之八九的咖啡業者，不諳深烘重焙之道，進入二爆中後段，燒得幾乎只剩「焦苦」與「重鹹」兩大礙口味譜，讓普羅大眾對重焙豆產生很大誤解，以為深焙豆，非焦即苦，一無是處。所幸仍有極少數傑出業者，將深烘重焙的最高境界「濃而不苦，渾厚甘醇」，分享人間。

濃而不苦，甘醇潤喉的歐式重焙，1966年由荷蘭裔的艾佛瑞・畢特（Alfred Peet）引進美國，並以舊金山起家的畢茲咖啡（Peet's Coffee & Tea）為灘頭堡，向美國輸出重焙革命，並強調店內新鮮烘焙理念，扭轉老美喝走味罐頭咖啡的惡習，點燃長達半世紀的精品咖啡演化史，功不可沒。

雖然，重焙時尚是精品咖啡「第二波」的絕技，千禧年後已漸被崛起的「第三波」淺中焙時尚取代，但台灣大多數咖啡族還是偏好二爆後不酸嘴的風味。令他們上癮的，當然不是劣質深焙的焦苦鹹，而是優質深焙的甘甜喉韻、上揚焦香與微嗆酒氣。

一般自家烘焙迷習慣以爆米花機來烘豆，這種熱氣導熱的袖珍烘焙機，升溫太快，火力不易調控，很難烘出甘醇不苦的重焙豆，這跟設備與技術有絕對關係。可喜的是，近年科學家已找出深焙致苦的元凶，重焙味譜可分為優質與劣質，表列如下，盼能導正淺焙迷對深焙的嚴重誤解。

圖表 5 — 4 深焙滋味譜

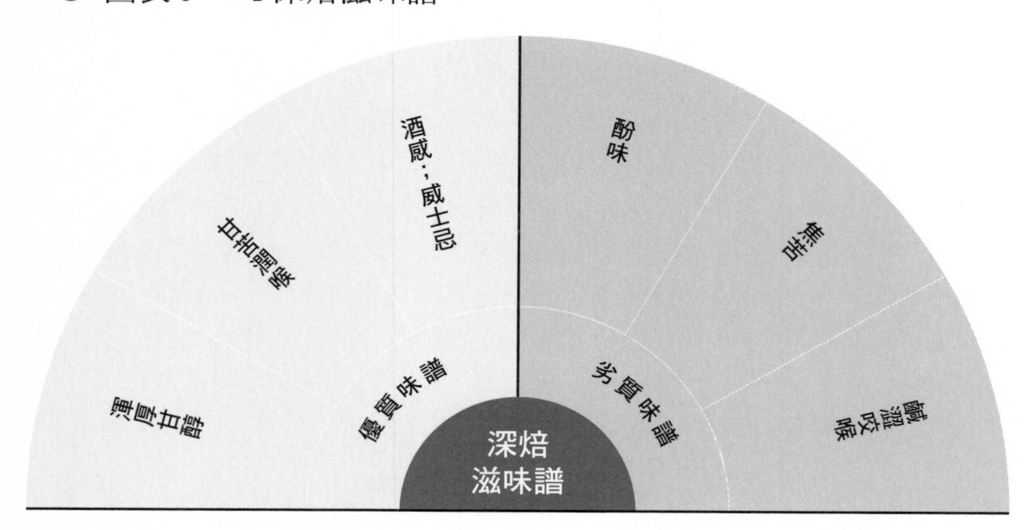

重焙優劣味譜 • **酚類是重焙的苦源**

優質重焙 ➤ 甘醇味譜：	甘甜震	甘苦	樹脂	威士忌	潤喉
劣質重焙 ➤ 苦鹹味譜：	酚味	焦苦	雜苦	碳化	咬喉鹹澀

長久以來，苦味一直是咖啡揮之不去的惡魔，很多人因苦卻步。過去積非成是的看法是：咖啡苦味來自焦糖化過劇，淺中焙的出爐溫較低，所以焦糖碳化程度低，甜味高，苦味低；而重焙豆出爐溫較高，所以焦糖碳化程度深，甜味低，苦味高。

這看似有理，實則不然。因為烘焙的化學反應極為複雜，光靠「焦糖化」不足以解釋咖啡的甘與苦。近年，科學家終於揪出咖啡最大「苦主」，並非大家耳熟能詳的焦糖碳化或咖啡因問題，而是生豆含量甚豐的綠原酸，經烘焙降解的二級酚類化合物，才是苦味最大來源。

2007年，美國化學會（American Chemical Society）在波士頓召開第234屆年會，德國慕尼黑科技大學（Technical University of Munich）食品化學家湯瑪士・霍夫曼（Thomas Hofmann）領導的團隊，席間發表一篇論文《加熱產生的好壞味道》（Thermal Generation of Flavors and Off-flavors），被譽為歷來對咖啡致苦成分最詳盡的研究報告。

他的團隊利用層析技術（Chromatography techniques）以及分子感官科技，在一群老練杯測師協助下，逐一檢測二十五到三十種過去認為最可能造成咖啡苦味的成分，終於揪出咖啡的兩大「苦主」——「綠原酸內酯」與「苯基二氫化茚」（Phenylindanes），前者是淺中焙的苦源，後者是深焙的劇苦物。

報告指出，咖啡是植物界綠原酸含量最豐的物種，阿拉比卡的綠原酸含量，約占生豆重量的5.5%～8%，羅巴斯塔更高達7%～10%。綠原酸本身並不苦，但烘焙後苦味迅速加重，在淺中焙階段，降解成十種苦口的綠原酸內酯，但仍算是可忍受的悅口苦味，不算惡味。

如果繼續烘下去，爐溫竄升，進入二爆後，綠原酸內酯又降解成苯基二氫化茚，具有難忍的劇苦，很容易被味蕾嘗出，它的苦味門檻甚低，泡成黑咖啡只要0.023～ 0.178毫莫耳／公斤（mmol/kg），即可嘗出劇苦。而且苯基二氫化茚在一般深焙或重焙咖啡的含量較多，這就是為何深焙比淺焙更苦口的主要原因。有趣的是，過去被認為深焙豆最大「苦主」的高分子量焦糖碳化物，在黑咖啡裡卻遠不如綠原酸內酯與苯基二氫化茚來得苦口。

優質重焙：抑制酚類二級降解物

這篇重要報告讓業界首度了解綠原酸對咖啡苦味的影響，霍夫曼接下來要做的是，如何在咖啡採收後，利用後製技術降低綠原酸含量，從而減少烘焙產生的苦味，他甚至建議植物學家培養綠原酸含量較低的新品種，以降低咖啡苦味。然而，不待霍夫曼完成心願，早在半個世紀前，歐美已有少數烘焙大師利用操爐的經驗值，成功抑制深焙惱人的苦味，喝來甚至不比淺中焙苦口。

這些重焙大師或許不知道原因何在，但霍夫曼的報告出爐後，筆者的解讀是：「這些技術一流的烘豆大師，以多年操爐經驗，善用升溫模式、烘焙時間、風門大小和爐溫掌控，成功抑制綠原酸內酯在深焙世界繼續降解為更苦口的二級產物苯基二氫化茚，大幅降低重焙的苦味。」

優質重焙：抑制焦糖的碳化程度

但優質重焙除了抑制酚類致苦物產生外，還必須提高甘醇度才能造出迷人的深焙味譜，也就是提高深烘重焙豆的焦糖甘甜味。這有可能嗎？

美國有些淺焙派過度簡化焦糖化概念，認為生豆所含的蔗糖經烘焙降解為葡萄糖和果糖，到了170℃，這些單糖開始褐變，升溫到204℃糖分已完全碳化變苦，因此二爆前的淺中焙咖啡，甜味高，苦味低，而二爆後的深焙咖啡，甜味低且苦味很重。此乃過度簡化糖褐變，所造成的烘焙推理。

不妨做個小實驗，以火燒蔗糖（白砂糖）或將蔗糖置入一鍋清水煮沸，觀察焦糖化的溫度與甜苦味變化，會發覺上述神話大致正確。

溫度在160℃以前，只見糖水起皺發泡，尚未變色、也無香氣釋出，但甜度最高；待糖水升溫至168℃開始轉成淡黃色，釋出微微香氣。

當溫度加熱至180℃時，糖水變為金黃色，釋出濃濃焦糖香氣，甜度稍降，但有迷人的甘苦味出現。再持續升溫至190℃時，糖液變為褐色，香氣濃郁，甘苦迷人。

不過，當溫度到達204℃，糖液會加深為暗褐色，出現燒焦味與苦味，但甜味不見了。加熱到210℃後，糖液轉為黑褐色黏稠物，此時焦嗆苦口，成為完全碳化的焦糖素。

蔗糖加熱後，色澤與苦味循序漸進，生成三類焦糖成分，依其溶點與分子量，排序如下：焦糖酐（Caramelan，溶點138℃）＜焦糖稀（Caramelen，溶點154℃）＜焦糖素（Caramelin，高分子量深色物）。

若以單純的水煮蔗糖來看，淺焙派配合上述的烘焙神話似乎合理，但不要忘了咖啡的甜味除了焦糖化外，更重要的是梅納反應。咖啡豆除了含有蔗糖，還含有更豐富的胺基酸、脂肪族酸、醇類、酯類、脂肪和硫化物，因此咖啡烘焙的熱解作用，豈止水煮蔗糖的焦糖反應那麼天真單純。

要知道葡萄糖和果糖，也會和胺基酸、硫化物發生複雜的梅納反應，在200℃以上生成更多香甜物質，僅以煮糖水的簡單焦糖化現象來解釋咖啡烘焙，猶如以管窺天，難解全貌。況且咖啡豆的蔗糖，藏在厚實纖維質保護的細胞壁內，抵抗烈火碳化的能耐，肯定高於水煮蔗糖。因此咖啡烘焙的焦糖化或碳化溫度，會比煮糖水的溫度高出許多才對。

糖水加熱約在180～190℃出現最迷人的焦糖風味，但在重焙大師巧手操爐下，咖啡甘苦最迷人的焦糖化溫度，有可能提高到220℃上下，這足以解釋為何有些出爐溫超出220℃的深烘重焙咖啡，喝來甘醇濃郁且不苦口，因為大師成功抑制糖分的碳化程度以及酚類二級降解劇苦物的出現，熬到二爆尾才出爐，好讓重焙濃香的要角「硫醇」在最大值出爐，殊為難能可貴，因為有一些高分子量的甘醇成分，需在較高溫環境才能合成。如果淺中焙也能獲得如此甘醇，濃而不苦又有迷人的酒氣，重焙大師何需自找麻煩，費時費工，涉險拗到二爆尾才出爐？

淺焙如葡萄酒，重焙如威士忌

優質重焙渾厚的甘醇度、樹脂香、酒氣與甘苦韻，集中在喉頭部位，這與味覺與鼻後嗅覺有關，而淺中焙的清甜與酸甜震，則在舌尖與舌兩側，是截然不同的味覺享受。若說淺中焙恰似法國葡萄酒，那麼重焙就像蘇格蘭威士忌或金門高粱，各有迷人的味譜。

有趣的是，咖啡熟豆商業評鑑網頁Coffee Review創辦人肯尼斯・戴維斯（Kenneth Davids）向來是深焙的毒舌派，幾年前他喝到「Peet's coffee」、「Caffe D'arte」和「HairRaiser」的幾款烘焙度到達Agtron#17～25的重焙豆，風味非常乾淨無礙口的焦苦味，且有渾厚的甘醇味，驚為天人道：「二爆結束的重焙，仍保有如此迷人甘甜味，幾乎是不可能的任務……」如果他老人家能以更科學態度看待咖啡烘焙的糖褐變與梅納反應，以及重焙致苦物是可抑制的，就不會少見多怪了。

個人經驗是：不論歐式快炒或日式慢炒，只要掌爐技巧高超，皆可產出優質重焙「濃而不苦，甘醇潤喉」的迷人味譜。最大區別在於歐式12～15分鐘高溫快炒，雖然省工，但豆體纖維破壞較嚴重，賞味期很短，容易變鹹。日式40分鐘低溫慢炒，耗時費工，但豆體纖維受創較輕，賞味期較長。

淺中焙盛行，重焙退燒

咖啡烘焙度和服飾精品一樣有流行趨勢，精品咖啡「第二波」的深烘重焙，流行了近四十載，近年已被「第三波」的淺中焙取代，此乃大勢所趨，短期內不易扭轉。因為「第三波」講究的是不同品種、海拔、水土、處理與莊園的「地域之味」，這在淺中焙比較容易表現出來，而深烘重焙旨在引出高分子量的嗆香、酒氣與渾厚甘苦韻，而犧牲中低分子量的酸香清甜水果調，雖然有些辛香、酸香與香木味，在重焙大師的巧手下，仍可保留，但有此能耐的大師畢竟少見。

重焙退燒的另一原因與環保和咖啡保鮮有關，重焙產生的煙害與管線油垢問題，遠甚於淺中焙，而且爐溫偏高容易火災，更麻煩的是，重焙豆的纖維質受創較重，比淺中焙更不易保鮮，嘗味期更短，也更易變鹹，這都是重焙退燒的因素。

四十多年前點燃美國精品咖啡火苗的畢茲咖啡，進入千禧年後，大肆展店，品質大幅滑落，重焙豆失去昔日的甘醇與酒氣，苦鹹味卻愈來愈重，最近甚至傳出晚輩星巴克有意購拼畢茲的消息。反觀「第三波」的後起之秀「Intelligentsia」、「Stumptown」、「Counter Culture」和「Blue Bottle」威望如日中天，春風得意，美國精品咖啡的世代交替，箭在弦上，重焙時尚退燒已成定局，重焙絕技是否因此失傳，值得觀察。

香味組協助嗅覺與味覺訓練

咖啡「氣味譜」和「滋味譜」看似複雜抽象，但國外已買得到實體的香味組，協助辨識各種咖啡香氣與滋味。法國人Jean Lenoir, David Guermonprez, 與 Eric Verdier三人調製的「咖啡香味組」（The Scent of Coffee—Le nez du café）包括「酵素作用」、「糖褐變反應」、「乾餾作用」等建構咖啡千香萬味，其中最重要的三十六小瓶香精，並附有香味手冊，這對嗅覺與味覺的訓練很有幫助，但價格不便宜，三十六瓶組要價三百五十美元，美國精品咖啡協會有售。

然而，體驗這些人工合成的香味瓶，會驚覺一點不像所喝到或聞到的咖啡味道，甚至讓味覺與嗅覺很不舒服，這不難理解，因為咖啡令人愉悅的香氣與滋味，是千香萬味互抑互揚，渾然天成的綜合體，如果單項測味或斷章取義的鑑賞，豈不打破咖啡百味平衡之美，因此虐待感官的機率遠高於享受，這是體驗香味組必備的心理建設。

本章參考書目：

1.《Coffee Flavor Chemistry》by Ivon Flament, Yvonne Bessière
2.《The Coffee Cuppers' Handbook》 by Ted R. Lingle
3.《High Impact Aroma Chemicals Part 2:the Good, the Bad, and the Ugly》 by David Rowe
4.《Thermal Generation of Flavors and Off-flavors》by Thomas Hofmann
5.《The Millard Reaction in Foods and Nutrition》 by G. Walter

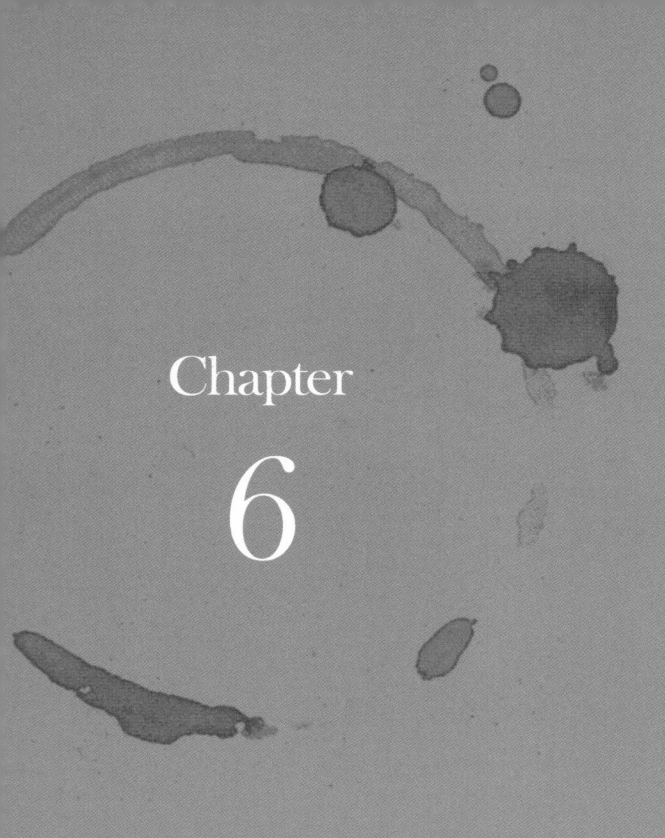

Chapter 6

金杯準則：歷史和演進

基督教世界有個古老的聖杯（Holy Grail）傳說，誰能尋獲耶穌基督受難前，最後晚餐使用的葡萄酒杯，誰就能得永生。英格蘭亞瑟國王和他的圓桌武士，終身尋找傳說中至高無上的聖杯，傳為美談。無獨有偶，歐美精品咖啡界也有一條至高無上，相映成趣的「金杯準則」（Gold Cup Standard），做為咖啡人終身追求，奉行不渝的守則，只要遵循「金杯準則」的萃出率與濃度規範，即使販夫走卒亦能輕鬆泡出瓊漿玉液的美味咖啡。

§ 具有民意基礎的金杯準則

其實，「金杯準則」並非二十一世紀新發明，而是越陳越香的萃取理論，經過近半世紀的冷落與多次修正，直到因緣際會的2008年，巧遇手機大小的「神奇萃取分析器」（ExtractMoJo），也就是咖啡濃度檢測儀器問世，而鹹魚大翻身，甚至「金杯準則」塵封數十載的武功秘笈——「濾泡咖啡品管表」（Brewing Coffee Control Chart），也因此大紅大紫，成為歐美精品咖啡「第三波」職人努力研習的萃取理論。

話說二次大戰後，全美咖啡消費量劇增，美國國家咖啡協會（National Coffee Association）於1952年聘請麻省理工學院化學博士厄內斯特・厄爾・洛克哈特（Dr. Ernest Eral Lockhart, 1912～2006）設立咖啡泡煮學會（Coffee Brewing Institute，1952～1964，簡稱CBI）負責濾泡式咖啡的科學研究、推廣與出版工作，並協助中南美咖啡產國，對美國行銷咖啡。

洛克哈特博士領導的團隊，詳細分析咖啡豆結構與成分，發現咖啡熟豆能被萃取出來的水溶性滋味物，只占熟豆重量的28%～30%，其餘的70%屬於無法溶解的纖維質，也就是說可萃出的咖啡滋味物，最多只占熟豆重量的30%。

另外，洛克哈特博士的研究還發現，在新鮮咖啡前提下，萃出率（Extraction Yield）與總固體溶解量（Total Dissolved Solids，簡稱TDS或濃度）是決定一杯咖啡是否美味的兩大關鍵。萃出率與濃度後來成為「金杯準則」的左右「護法」。

洛克哈特博士是世界第一位將咖啡抽象的風味，賦予量化數據的科學家。萃出率是指從咖啡粉萃取出可溶滋味物的重量與所耗用咖啡粉重量的百分比值；而濃度（TDS）也是以百分比呈現，指咖啡液可溶滋味物重量與咖啡液毫升量的百分比值，公式如下：

＊萃出率（%）＝萃出滋味物重（公克）÷咖啡粉重量（公克）

→萃出率代表咖啡酸甜苦鹹滋味「質」的優劣。萃取過度，即萃出率超出22%，易有苦鹹味與咬喉感；但是萃取不足，即萃出率低於18%，易有呆板的尖酸味與青澀感。

＊濃度（%）＝萃出滋味物重（公克）÷咖啡液容量（毫升）

→濃度代表咖啡酸甜苦鹹滋味「量」的強度，過猶不及。濾泡式咖啡的濃度低於1.15%，即11500ppm，滋味太稀，水味太重；濃度超出1.55%，即15500ppm，一般人會覺得滋味太重難入口。

處女版「金杯準則」

問題來了，美味咖啡的萃出率與濃度區間，究竟幾何？1952～60年間，美國國家咖啡協會為了支持洛克哈特博士的研究計劃，特別籌設咖啡泡煮委員會（Brewing Committee）協助他向美國民眾隨機取樣，歸納出美國民眾對咖啡濃淡度的民意趨向與科學數據。

洛克哈特博士以電動滴濾式咖啡機沖煮同一產地的中度烘焙咖啡，但故意以不同萃出率和不同濃度，請民眾試喝，並填寫自認最好喝與最難喝的問卷，研究人員再從近萬份的調查中，歸納出老美偏好的咖啡萃出率與濃淡度。

初步研究結果發現，美國消費者偏好的咖啡萃出率區間為17.5%～21.2%，濃度區間為1.04%～1.39%，這可說是處女版的「金杯準則」。

受測民眾試飲後，認為咖啡粉被萃出的滋味重量與咖啡粉重量的百分比值在17.5%～21.2%區間，所呈現的酸甜苦鹹滋味、口感與香氣最平衡好喝，如果低於17.5%，就是萃取不足，高於21.2%就是萃取過度。

受測民眾同時認為，萃出滋味重量與黑咖啡液毫升的比值，如果低於1.04%會覺得濃度太低，平淡無味，高於1.39%會覺得濃度太超過而礙口。

修正版「金杯準則」

洛克哈特博士領導的CBI於1964年升格為咖啡泡煮研究中心（Coffee Brewing Center, 1964～1975，簡稱CBC），以加強各項研究計畫和推廣工作。他為了慎重起見，協同美國軍方知名的中西部研究中心（Midwest Research Institute，簡稱MRI，註1）重新檢視處女版的數據。

幾經慎密辯證以及專家杯測後，又將處女版「金杯準則」的萃出率區間上修到18～22%，濃度區間調整為1.15～1.35%。直到今天，美國精品咖啡協會（SCAA）仍採用此一修正版本，即咖啡最佳萃出率區間為18%～22%，最佳濃度區間為1.15%～1.35%，後來也成為挪威和英國「金杯準則」的學習藍本。

註1：中西部研究中心於1944年二次大戰末期於美國密蘇里州的堪薩斯市創設，旨在轉化美軍部隊剩餘的化學武器，用於肥料等和平用途的非營利研究機構，亦接受民間食品相關研究的委託，論件計酬。歐美各國今日的「金杯準則」皆源自洛克哈特博士與中西部研究中心的修正版本。

烤箱烘乾，滋味現形

這是人類有史以來，首度對咖啡風味進行量化數據的科學研究，耗時二十三載（1952～1975），取樣近萬，堪稱最徹底的「咖啡民意」大調查。但半世紀前，尚無精密儀器測量咖啡的萃出率與濃度，洛克哈特博士是如何辦到的？

他以最簡單的土法煉鋼方式，以美式咖啡機泡煮咖啡，記下黑咖啡毫升量，再倒進金屬器皿，置入烤箱，完全烘乾水分，容器內最後只剩下固體粉末，這就是被萃取出的咖啡固態滋味物（可做即溶咖啡），再將此滋味物的重量除以所耗用的咖啡粉重量，即得到萃出率。而萃出滋味物的重量，除以先前記下的黑咖啡液毫升量，即得到這泡黑咖啡的濃度值。他為了這項量化工程與民意試喝大調查，動用可觀人力與物力。如果美國精品咖啡協會興建一座咖啡名人紀念堂，洛克哈特博士肯定有一席之地。據說他本人也是一位重焙咖啡迷。

洛克哈特博士的量化數據讓各界對咖啡萃取學有了更透徹的理解，以下6—1示意圖有助讀者了解咖啡萃出率與濃度的概念。

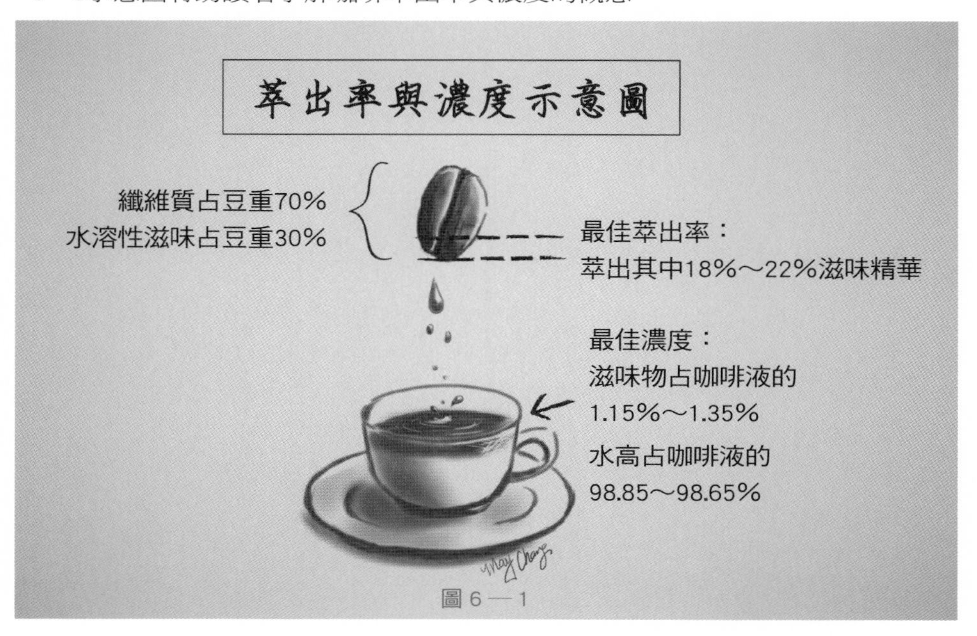

圖6—1

簡單的說，咖啡熟豆有70%是無法萃取的纖維質，能被熱水萃出的滋味物最多只占熟豆重量的30%。但要泡出美味咖啡，不必硬把30%的水溶性滋味物悉數萃出，這會萃取過度，經過洛克哈特博士領導CBC所做的「咖啡民意」大調查，以及美國軍方MRI的調整後，發現咖啡的可溶滋味物，只需萃取出18%～22%，咖啡酸甜苦鹹滋味的品質最佳，也就是最均衡，最投好老美味蕾。

而從咖啡粉萃出的滋味物重量與泡煮好的咖啡液毫升量的百分比值，在1.15%～1.35%是老美最能接受的咖啡濃度，換言之，這杯咖啡有98.65%～98.85%是水分，而令人喊爽的咖啡滋味物僅占咖啡液的1.15%～1.35%。

濃度為何以毫升量為主

看完此示意圖，一定會有讀者不解，為何濃度要用滋味物的重量除以咖啡液的毫升量，難道不能以滋味物重量除以咖啡液的重量，這有不同嗎？

我起初也有此疑惑，但經過多次試算，發覺以咖啡液重量為分母，算出的濃度明顯低於毫升量的濃度，因為水加熱到攝氏90℃，會失重3%～4%左右，換言之200公克的黑咖啡，會比200毫升多出3%～4%，約在210毫升左右，才夠200克重。因此，公克量的實際萃取量多於毫升量，這會反應在較薄的濃度上。

我以ExtractMoJo檢測相同條件下濾泡的200毫升黑咖啡與200公克黑咖啡的濃度，也印證了公克量的濃度確實低於毫升量，差距在3%～4%左右。原因很簡單，200公克黑咖啡至少比200毫升黑咖啡多出10毫升。

洛克哈特博士從一開始就以毫升量的濃度為主。直到今天，美國精品咖啡協會、歐洲精品咖啡協會以及挪威咖啡協會，均以毫升量濃度為準。本書也以毫升量濃度為論述依據。如果讀者執意以公克量濃度為準，理論上並無不可，但切記算出的濃度值會低於毫升量的濃度，約3%～4%左右，而且無法和歐美「金杯準則」認證的數據接軌。

洛克哈博士首開先河，將抽象的咖啡濃度量化成科學數據，有其耐人玩味的時空背景。

金杯獎：糾正黑心淡咖啡

二次大戰期間，美國阿兵哥的軍糧，皆配有即溶咖啡或不新鮮的咖啡粉，以供提神之用，但這些走味咖啡很難喝，必須大量稀釋惡味才好入口，美國大兵在戰場上已養成喝淡咖啡惡習。戰後，退伍阿兵哥順理成章把淡咖啡的習慣，帶進美國社會，當時一般餐廳的咖啡泡煮比例竟然稀釋到1：30，即10公克咖啡粉可泡煮300毫升咖啡。

然而，1950年後，美國嬰兒潮世代（Baby Boomer, 1946～1964）因經濟繁榮，開始講究吃喝，美食運動因而崛起。加上美國政府有意提高國人咖啡消費量，借以扶持拉丁美洲咖啡產國的經濟發展，以免共產黨趁虛而入。洛克哈特博士主導的CBI和CBC兩大經典咖啡研究機構，就是在此時空背景下誕生。

1964年後，洛克哈特博士在美國國家咖啡協會以及泛美咖啡推廣局（Pan American Coffee Bureau）鼎力協助下，推廣「金杯獎」活動（Gold Cup Award），說穿了就是要推廣濾泡咖啡的標準化運動，扭轉老美喝淡咖啡的惡習。

「金杯準則」的左右「護法」：「萃出率18%～22%」以及「濃度1.15%～1.35%」。猶如滾滾驚雷，響徹全美，受檢測餐飲業者的泡煮比例，必須從過去稀薄如水1：30，提高為1：15至1：20區間，也就是要提高濃度，才有可能煮出合乎「金杯準則」的咖啡。受輔導的咖啡業者只要符合萃出率與濃度的區間值，即可獲頒一枚金杯標誌，貼在門口，做為消費者購買咖啡的指南。

「金杯獎」立意甚佳，但初期卻踢到鐵板，推動不易，原因之一是業者為了達到標準，必須增加咖啡用量，這無異增加成本。原因之二是，當時並無可靠儀器，供每日自我檢測濾泡式咖啡是否符合萃出率18～22%，以及濃度1.15～1.35%的標準，因此市場反應冷淡，「金杯準則」形同陳義過高的空談而束諸高閣，直到2008年「神奇萃取分析器」上市，業界有了簡便可靠的檢測器，「金杯準則」才開始在美國死灰復燃，流行起來，目前認證業務仍由SCAA負責。

金杯、銀杯、塑膠杯與空杯獎

美國餐飲業的咖啡濃度和萃取標準，數十年來一人一把號，各吹各的調，毫無標準可言，買一杯黑咖啡要靠運氣。因此，精品咖啡界常揶揄美國濾泡咖啡可依濃淡標準，頒予下列六大獎：

- **金杯獎：**濃度1.15～1.35%，理論上完美的咖啡，僅見於高檔餐廳及咖啡館。

- **銀杯獎：**濃度0.95～1.15%，第二流咖啡，常見於各大餐廳。

- **錫杯獎：**濃度0.8～0.95%，第三流咖啡，常見於點心吧或各大企業辦公室。

・**塑膠杯獎：**濃度0.55～0.75%，第四流咖啡，常見於一般小型辦公室。

・**紙杯獎：**濃度0.35～0.55%，第五流咖啡，常出現在小氣辦公室裡。

・**空杯獎：**濃度0.2～0.35%，第六流咖啡，清淡如水，黑心業者的最愛。

歐美金杯，互別苗頭

雖然洛克哈特博士早期主導的「金杯準則」與「金杯獎」在美國不叫好也不叫座，沈寂了半世紀之久，但他的研究心血卻在海外開花結果。挪威、英國和巴西相繼引進「金杯準則」理論，推廣濾泡咖啡標準化運動與「金杯獎」活動，大幅提升各國咖啡消費量。

就連近年火紅的「神奇萃取分析器」也是以「金杯準則」的數據為藍本，四年前在美國上市，連續獲得SCAA「2009年最佳新產品獎」與「2010年最佳新產品獎」，美國精品咖啡業才猛然覺醒，開始重視萃出率與濃度對泡煮咖啡的實用價值。然而，各國基於民族自尊，對「金杯準則」的數據，仍有小幅的調整，以符合各國不同的濃淡偏好。以下是各國「金杯準則」的規範與推廣現況。

SCAA 金杯標準

如前所述，洛克哈特博士的「金杯準則」數據，經過民眾試喝，以及CBI、CBC和MRI等研究機構的辯論與修正，才製訂出美國版的最佳萃出率介於18%～22%，最佳濃度介於1.15%～1.35%（即11,500ppm～13,500ppm）。1982年SCAA成立後，即採用此標準，肩負「金杯獎」的推廣與認證工作，可惜美國咖啡界的熱度遠不如歐洲各國，形成外熱內冷的尷尬對比，直到2008年後才有起色。

濃度門醜聞

SCAA雖執全球精品咖啡牛耳，但二十多年來卻爆發兩大醜聞，一件是04年高層虧空數百萬美元被逮的糗事，另一件不妨稱之為「濃度門醜聞」，原來一九九六年SCAA以「金杯準則」為藍本，編寫的萃取理論教材，將最佳濃度區間1.15%～1.35%換算為ppm，理應為11,500ppm～13,500ppm，卻發生嚴重錯誤，少算一個零，教學講義竟誤植為1150 ppm～1350ppm，被譏為誤人子弟十多載，但老大心態的SCAA仍不為所動，一直拖拉到09年才低調更正。

濃度（夾雜度）常以百萬分率ppm（parts per million）來表示，1公升溶劑含有某物質1毫克，某物質含量即為1ppm，也就是濃度為1／1000000。而SCAA版「金杯準則」最佳濃度為1.15%～1.35%也就等同於11,500 ppm～13,500 ppm，因此SCAA少算一個零，被專家視為罪不可赦的世紀大醜聞。簡單換算如下：

1.15%＝0.0115＝11500 ppm＝11500×1／1000000
1.35%＝0.0135＝13500 ppm＝13500×1／1000000

相較於台北翡翠水庫的水質在30ppm～60 ppm之間（但管線鏽蝕問題，家用自來水可能稍高，達90 ppm），中南部約在150 ppm～400ppm左右。但咖啡富含無機與有機成分，濃度高達10,000 ppm以上，所以咖啡堪稱「夾雜度」或濃度非常高的飲品。

NCA 金杯標準

洛克哈特博士的研究成果產生蝴蝶效應，1970年後，歐洲各國相繼跟進採用此方法，調查國人最偏好的咖啡萃出率與濃度區間。挪威咖啡協會（Norwegian Coffee Association，簡稱NCA）以相同產地與烘焙度，泡煮出濃度與萃出率不同的幾款咖啡，邀請民眾試喝並填寫問卷，歸納出最合挪威大眾口味的萃出率，居然與美國不謀而合，同為18%～22%，但挪威人偏愛的濃度卻高於美國，因此NCA版「金杯準則」濃度提高到1.3%～1.55%（13,000ppm～15,500ppm），高居各國之冠。

挪威「蛋咖啡」

金杯準則雖為美國洛克哈特博士首創，但推行最力的卻是天寒地凍的北國挪威。這有其時代背景，二次大戰前的挪威是個窮酸國，咖啡雖然早成為挪威的國飲，但挪威人習於不過濾的沸煮式傳統，難登大雅之堂，甚至打顆蛋與咖啡一起沸煮，以凝結咖啡渣，方便飲用，這就是挪威赫赫有名的家鄉味「蛋咖啡」（Egg Coffee，註2）。

十九世紀大批挪威人移民美國，把不過濾的沸煮法一起帶進新大陸，造就美國牛仔沸煮爛咖啡的百年罵名。其實，挪威移民才是美國牛仔咖啡的祖師爺。

註2：蛋咖啡是挪威的古早味，先打顆雞蛋與咖啡粉和水攪拌，入鍋與一定量的水煮沸後，再加入一杯冷開水，咖啡渣就會被蛋白包住沈澱，而倒出清澈無渣的咖啡，好比經過濾紙的效果一般，這是挪威人的家鄉味。youtube.com 仍有相關影片，挺有趣。

咖啡警察大執法

挪威一直到1970年左右發現北海油田，經濟開始起飛，咖啡品質才有了革命性大躍進。1975年挪威咖啡協會為了加強咖啡科學研究與相關認證工作，成立歐洲咖啡泡煮研究中心（European Coffee Brewing Center，簡稱ECBC），這是世界最老牌的獨立咖啡實驗室，有一群專才為挪威咖啡品質把關。

該研究中心為了推廣挪威版的「金杯準則」：「萃出率18%～22%，濃度1.3%～1.55%」，先從挪威的電動滴濾式咖啡機著手，各廠牌唯有通過該中心對水溫與萃取時間的嚴格標準，才能獲頒印有ECBC認證的徽章，消費者在該中心大力宣導下，樂於選購有認證的咖啡機，因而對咖啡機製造商產生約束力。

另外，該ECBC人員也扮演「咖啡警察」，不定時到各大咖啡賣場或通路，取樣咖啡研磨的粗細度是否符合ECBC的要求，比方說採用濾紙的滴濾壺，咖啡粉粗細度要符合4～6分鐘的沖泡標準與應有濃度，而挪威傳統的沸煮式咖啡粉粗細度要符合6～8分鐘的沖煮標準。挪威咖啡協會和麾下的ECBC就靠著規範咖啡機水溫、沖泡時間以及各大通路咖啡粉粗細度，來協助消費者更容易掌握「金杯準則」的萃出率與濃度區間，不費吹灰之力泡出美味咖啡。此一特殊運作機制在全球算是首見。

挪威咖啡消費量也因此從ECBC成立前，平均每人每年喝下七公斤咖啡，揚升到1980年至今，平均每人每年要喝掉十公斤咖啡，成為全球個人平均咖啡消費量最高的國家之一。這全拜ECBC「管太多」之賜。雖然挪威的「蛋咖啡」令人發笑，但沒人懷疑挪威是落實「金杯準則」最徹底，咖啡品管最嚴格的國度。

SCAE金杯標準

1998年六月在倫敦成立的歐洲精品咖啡協會（Specialty Coffee Association of Europe，簡稱SCAE），也見賢思齊，踵武挪威的做法，訂定SCAE版的「金杯準則」，並舉辦講習會與訓練課程，向餐飲從業人員講解咖啡總固體溶解量與萃出率的觀念，通過鑑定考試的學員，獲頒「咖啡泡煮師」（Brewmaster）榮銜，成為「金杯準則」的種子部隊。

金杯準則與十字軍東征

這好比中古時期的天主教信眾，成為十字軍戰士前，必須先經過宣誓、講道與考驗後，才能獲頒一枚十字勳章，正式成為教會的戰士。挪威咖啡協會以及歐洲精品咖啡協會成為推動歐洲「金杯準則」及相關認證與教育工作的主力部隊。

巧合的是，SCAE版「金杯準則」所制定的萃出率區間也是18%～22%，與SCAA以及NCA不謀而合，但英國人喜愛的濃度區間為1.2%～1.45%（12,000ppm～14,500ppm），低於挪威NCA的1.3%～1.55%，卻高於美國SCAA的1.15%～1.35%。

這三國民眾對咖啡濃度偏好，從濃到淡依序為挪威＞英國＞美國。

ExtractMoJo金杯標準

「神奇萃取分析器」（ExtractMoJo）是由美國VST公司總裁溫生．費鐸（Vince Fedele）於2008年發明，只需在手機大小的光學儀器上，滴下2～3毫升冷卻的咖啡液，即可精確讀出咖啡濃度值，非常方便。從而促進「金杯準則」的普及性，不必再像過去，需用烤箱烘乾咖啡液或咖啡渣，先算出咖啡粉沖泡後的失重率，也就是萃出率，接著算出萃出滋味物重量，才能算出咖啡濃度的繁瑣古法（請參考第7章附錄）。

有趣的是，在該檢測器問世前，有不少人自作聰明使用測量自來水或水族箱水質的TDS檢測筆來量咖啡濃度，卻讀到錯得離譜的數值。因為咖啡是高濃度液體，內含各種有機與無機成分，濃度至少在10,000ppm以上，濃縮咖啡更高達100,000ppm以上，難怪那麼黑，但TDS檢測筆，因性能關係，只能檢測數百至數千ppm以內的濃度，可謂以蠡測海，自不量力，用來檢測咖啡濃度是會鬧笑話的。

08年，ExtractMoJo發明人費鐸與美國精品咖啡名人喬治・豪爾（George Howell）的同名公司喬治豪爾咖啡公司（George Howell Coffee Company）聯手行銷「神奇萃取分析器」，由知名的雷契特光學分析器材公司（Reichert Analytical Instruments）製造，檢測的濃度區間廣達0%～9%（0ppm～90,000 ppm），因此對濾泡咖啡的濃度遊刃有餘。此系統誕生，為歐美精品咖啡界投下震撼彈，因為使用方便又精準的咖啡濃度檢測器，勢必加速「金杯準則」的宣導與執行。美國咖啡界因而重新擁抱「金杯準則」，2010年後此系統改由VST直接行銷。

經驗值與科技結合

ExtractMoJo問世以來，濃度與萃出率這兩個美味關係值，對咖啡品管的實用價值，贏得全球精品咖啡界一致好評，為文認同或引用的名人包括：2006年世界咖啡師大賽冠軍克勞斯・湯森（Klaus Thomsen）、2007年世界咖啡師冠軍詹姆斯・霍夫曼（James Hoffmann）、暢銷書《專業咖啡師手冊》（The Professional Barista's Handbook）作者史考特・拉奧（Scott Rao）、SCAA理事長兼反文化咖啡（Counter

Culture）股東彼得・朱利安諾（Peter Giuliano）、精品咖啡名嘴兼生豆供應商「甜蜜瑪麗」（Sweet Maria's）老闆湯森・歐文（Thompson Owen）等業界名流，紛紛採用此二標準值做為咖啡萃取學的依據，為精品界添增新氣象。

可以這麼說，咖啡師的經驗值，有了科學數據的輔助，更如虎添翼，增益其所不能。

「神奇萃取分析器」與歐美同採18%～22%萃出率標準，但並未採用洛克哈特博士和SCAA的濃度標準，因為開發此系統的專家嫌太淡，因此濃度高低標上修0.05%，也就是最佳濃度區間為1.2%～1.4%（12,000ppm～14,000ppm）。

雖然歐美對萃出率「18%～22%」有百分百共識，但對濃度仍無共識。各大金杯標準的濃度，由低到高排序如下：SCAA的「1.15%～1.35%」＜ExtractMoJo的「1.2%～1.4%」＜SCAE的「1.2%～1.45%」＜NCA的「1.3%～1.55%」。

從濃度換算萃出率

將幾滴冷卻後的咖啡液滴在ExtractMoJo的折光鏡上，即可讀出咖啡的濃度，此機雖無法檢測萃出率，但有了精確的濃度值，即可輕鬆推算萃出率，因為咖啡粉重量以電子秤就可測得，而咖啡液毫升量，以量杯即可測得。

簡單試算範例如下：

假設咖啡粉重為20公克，泡煮好的咖啡液為300毫升，ExtarctMoJo檢測的濃度為1.4%，那麼咖啡粉的萃出率是多少？

引用本章開頭的兩大公式，先算出萃出滋味重，再除以咖啡粉重，即可算出萃出率為21%。

※濃度＝萃出滋味物重量÷咖啡液毫升
　1.4%＝萃出滋味物重量÷300毫升
　萃出滋味物重＝4.2公克

※萃出率＝萃出滋味物重÷咖啡粉重
　萃出率＝4.2公克÷20公克
　＝21%＃

因此，濃度1.4%，萃出率21%，雖符合NCA、SCAE、ExtratMojo的「金杯準則」，但濃度卻比SCAA的1.15%～1.35%高出0.05%。若是讓老美喝，可能有些人會嫌濃。

ABIC金杯標準

近年巴西咖啡協會（ABIC）也趕搭歐美金杯列車，公布巴西「金杯準則」的萃出率區間同為18%～22%，但濃度卻超英趕美勝挪威，高達2%～2.4%（20,000ppm～24,000ppm），在咖啡濃度競賽上，巴西不愧為世界最大咖啡產國，很有面子。

巴西小咖啡，加糖才文明

巴西人偏好濃咖啡，傳統上小小杯又濃又甜的國飲叫「小咖啡」（Cafezinho），在街頭巷尾的咖啡果汁吧，販售的Cafezinho幾乎都已加好糖。如果你想點一杯無糖的黑咖啡，會被視為野蠻人，在巴西，喝咖啡加糖才是文明人。

筆者懷疑巴西人喝咖啡喜歡加大把糖的習慣，可能與被淘汰的瑕疵豆轉內銷有關，巴西國內販售的平價綜合豆，最起碼添加20%以上的瑕疵豆，如果不加糖，要入口也難。

巴西「小咖啡」的傳統泡法是先煮一鍋糖水至接近沸騰，再倒進咖啡粉攪拌，最後以濾布去掉咖啡渣，再倒進小杯子飲用。近年巴西人也以摩卡壺和濃縮咖啡機來調製「Cafezinho」。不過，歐美濾泡咖啡的「金杯準則」並未將巴西另類的「小咖啡」納入。

萃出率有共識，濃度有歧見

可見美國、英國、挪威和巴西對咖啡的最佳萃出率區間有共識，同樣採用18%～22%標準，但對最順口的濃度區間，各有堅持，難獲共識，這與各民族的口味偏好有關。歐洲人習於稍濃咖啡，美國人習於稍淡咖啡，而巴西偏愛甜咖啡的嗜好，充分反應在各國「金杯準則」不同的濃度區間上。儘管咖啡濃度難有普世標準，但半世紀以來，萃出率與濃度已成為歐美「金杯準則」顛撲不破的兩大基石。

濃度最大公約數

可以這麼說，歐美咖啡族對濾泡咖啡萃出率的共識為18%～22%，濃度雖無共識，但筆者認為不妨可採最大公約數（剔除巴西的甜咖啡）應介於1.15%～1.55%，即低標濃度採用美國的1.15%，高標濃度採挪威的1.55%。這應該是歐美絕大多數民眾對濾泡咖啡最能接受的濃度區間。

Coffee Box

台灣與中國金杯標準何在？

至於台灣與大陸民眾對濾泡咖啡的最佳萃出率與濃度偏好區間值為何？
這是個有趣的議題，相信會落在 1.15% ～ 1.55 之間。筆者和新近成立的「中華咖啡發展協會」（Chinese Coffee Development Association，簡稱 CCDA）正著手規劃相關研究與調查工作，待有確切結果，將再發布新聞稿，公諸於世。

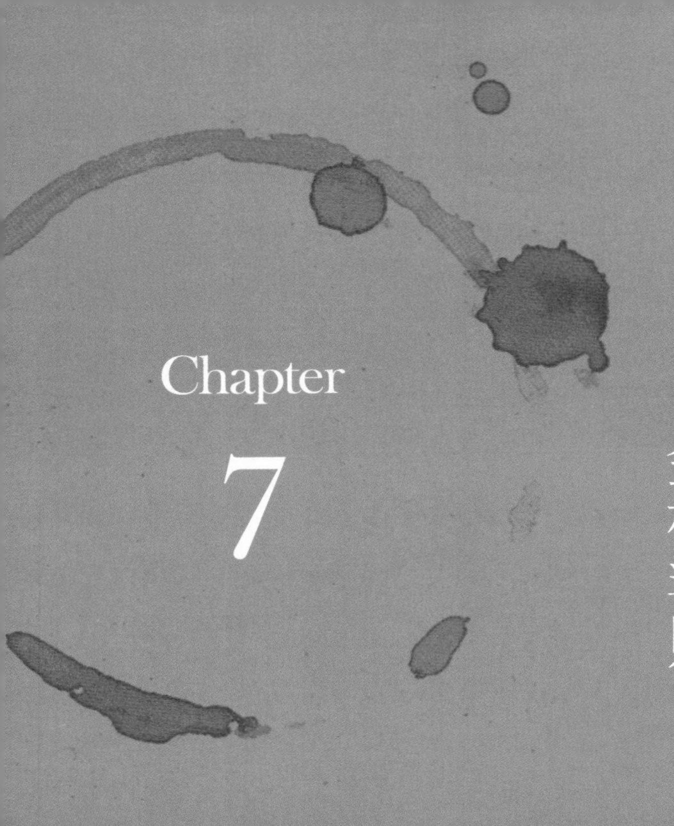

Chapter

7

萃出率與濃度的美味關係
金杯準則：

瞭解「金杯準則」的歷史與演進後，可以進一步探索「金杯準則」左右護法「萃出率」與「濃度」，兩者如何影響咖啡的味譜與濃淡，而咖啡迷該如何運用到沖泡實務。

更重要的是「金杯準則」的武功秘笈「濾泡咖啡品管表」，此表乃根據各種泡煮比例對應到不同的萃出率與濃度編製而成，並可細分為九大味譜區間，以利分析濾泡咖啡醇厚、淡雅與咬喉……等風味，很值得玩家細究。

揭開咖啡味譜優劣強弱的秘密

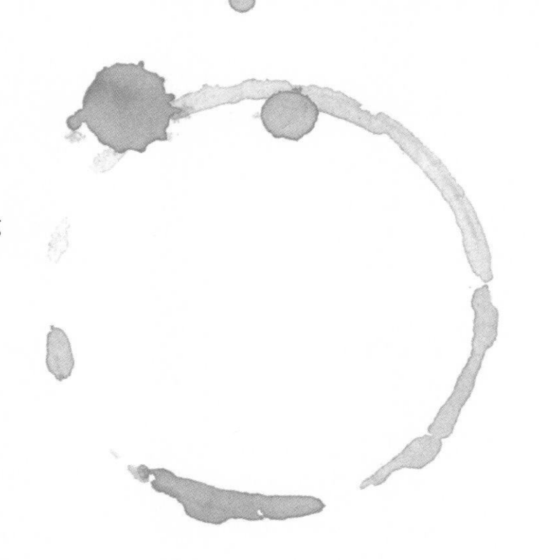

咖啡粉磨太細或太粗，水溫太高或太低，萃取時間太長或太短，泡煮比例的不同，均會牽動咖啡粉的萃出率以及溶入咖啡液的滋味物多寡，進而影響味譜與濃淡。科學家發現，萃出率與濃度必須在一定的區間內，咖啡才會順口好喝，據此製定出量化數據，來詮釋咖啡抽象的風味。本章先談萃出率與濃度精義，最後再談「濾泡咖啡品管表」。

萃出率精義：決定味譜的優劣

洛克哈特博士的研究顯示，咖啡熟豆有70%是不溶於水的纖維質，可溶性滋味物僅占熟豆重量的30%，據歐美民眾試喝結果，咖啡粉的萃出率在18%～22%，所泡出的咖啡最美味，也就是所謂的「黃金萃出率區間」。

沖泡咖啡時，萃出的滋味物，過猶不及，如果硬把占豆重30%的可溶滋味物悉數萃取出來，肯定萃取過度，會有不順口的苦酸鹹澀與咬喉感；若只萃出18%以下的可溶滋味物，則為萃取不足，易有不活潑的死酸和半生不熟的穀物味與青澀，讓味蕾不舒服。

因此，萃出率太高或太低，表示沖泡咖啡所萃取的滋味物太多或太少，都會影響咖啡的美味度。

前幾章曾提到咖啡的風味物有低分子量、中分子量與高分子量三種，這很適合用來解釋為何萃出率低於18%，易有死酸、穀物與青澀口感；超出22%會有苦酸鹹澀的咬喉風味；唯有命中18%～22%的「黃金萃出率區間」，咖啡溶出優質風味的同時，也抑制了劣質風味的釋出，百味平衡，才可泡出美味咖啡。

萃取不足的味譜：死酸、穀物味與青澀

根據洛克哈特博士以及SCAA資深顧問林哥的研究，就咖啡萃取而言，風味分子被熱水溶解的速度，常因分子量大小與極性高低（註1）而有不同。基本上，質量愈低且極性愈大的滋味物，溶解速度愈快，反之，質量愈大且極性愈低的滋味物溶解愈慢。

不知是巧合還是有趣，淺中焙凸顯「酵素作用」的花草水果酸香物以及梅納反應初期的穀物、堅果和土司味的分子量較低且極性較大，會優先被熱水萃出，因此，萃出率若低於18%，即萃取不足，只會溶解出質量較低且極性較高的風味物，而凸顯不活潑的死酸味、穀物味與青澀感。因為中分子量滋味物來不及溶出，而產生很不平衡的風味。

註1：簡單的說，極性分子指一分子中，原子的陰電性差異，差異越大，極性越高，水溶性也越高。就咖啡芳香物而言，淺焙含量較多的低分子量有機酸，以及中焙含量較多的中分子量焦糖和巧克力風味物，極性都比較高，水溶性也較高。但深焙的高分子量苦鹹物的極性較低，溶水速度較慢。因此，萃取不足的咖啡，容易凸顯有機酸的尖澀，但萃取過度會溶解出更多的苦鹹滋味。

完美萃取的味譜：香醇甜美，百味平衡

但萃出率如果拉高到18%～22%的黃金區間，中分子量且極性適中的風味分子，也就是梅納反應中期以及焦糖化衍生的甜美芳香物，會緊接著低分子量的酸味和穀物味被萃取出來，巧妙中和了萃取不足的死酸與青澀感，而扭轉極不均衡的味譜。

萃取不足與完美萃取的味譜差異，在沖泡實務上，屢見不鮮。譬如以中小火泡一壺中焙的賽風，萃取不到40秒即下壺，喝來易有不舒服的死酸、半生不熟的穀味與些許的青澀，欠缺活力。再煮一壺，萃取時間延長到50～60秒，味譜大為改進，死酸昇華為有動感的「酸甜震」，但穀味與青澀感消失了，味譜的厚實度大為提高，凸顯百味和協之美。因為中分子量的甜美滋味物被萃取出來，中和了萃取不足的尖酸味譜。

萃取過度的味譜：苦酸鹹澀又咬喉

但萃出率一旦拉高到22%以上，不易溶解的苦澀咬喉物，也就是高分子量且極性低的酚類化合物和碳化物，就會被榨取出來，味譜再度失衡礙口。不過高分子量的風味物只要不過量，並非一無是處，若萃出率能控制在22%以內，只會溶出少量樹脂、甘苦與焦香成分，有助於味譜的平衡。

可以這麼說，咖啡的低分子量、中分子量與高分子量風味物，因極性高低，致使溶解難易有別，會分批萃出，真可謂「輕重有序」。如果萃取強度不夠，容易產生萃取不足的味譜，萃取強度太超過，則產生萃取過度的味譜，研究顯示萃出率18%～22%區間，是最完美的萃取強度，優質的咖啡芳香物會在此一「黃金萃出率區間」得到極大化。

以下是咖啡不同極性與分子量的風味族群：

＊低分子量且極性高的滋味物與香氣：揮發性與水溶性最高

檸檬酸、蘋果酸、醋酸、甲酸、乳酸、酒石酸、綠原酸、奎寧酸等有機酸和水果花草風味的酯類、醛類和酮類，以及梅納反應初期的穀物與稻麥味。還有甜美的低分子量焦糖成分，但容易被淺焙較強的酸味抑制。

這些低分子量的滋味與香氣是淺焙咖啡常有的風味，由於質量較小且極性高，最易揮發與溶解，在沖泡過程優先釋出。

＊中分子量且極性適中的滋味物與香氣：揮發性與水溶性次高

以梅納反應中段與焦糖化產生的味譜為主，包括：焦糖、奶油糖、奶油巧克力等優質風味，但低分子量焦糖成分，進入中焙階段已轉變為微苦的中分子量滋味物，香氣迷人。

當然也有不好的滋味，譬如：「綠原酸內酯」的苦味。這都是中焙至中深焙最常出現的味譜，屬於中分子量且極性適中，是第二順位被萃出的風味族群。

＊高分子量且極性低的滋味物與香氣：揮發性與水溶性最低

梅納反應後段與乾餾作用衍生的亞硝酸鹽、雜環族化物、碳氫化物和酚類化合物。味譜以苦鹹、甘苦、酒氣、辛香與焦嗆為主，包括樹脂、黑巧克力、菸草、硫醇以及苦味的焦油、焦糖素、苯基二氫化茚等。

進入中深焙至深焙，最常出現這類高分子量的味譜，但有經驗的烘焙師卻有能耐降低深焙豆的焦苦。基本上，高分子量且極性低的咖啡風味物最不易溶解，會在沖泡的最末段或過度萃取時出現。

不論淺焙、中焙或深焙，均含有低分子量、中分量與高分子量的化合物，但淺焙的芳香物以低分子量較多，中焙以中分子量居多，深焙則以高分子量最多。

影響萃出率的主要原因

沖泡水溫、萃取時間、攪拌力道和烘焙度，會與萃出率成正比。但咖啡粉量、磨粉粗細度卻與萃出率成反比。換言之，水溫愈高、沖泡愈久、攪拌愈用力或烘焙度愈深，愈易拉高萃出率，也就更容易造成萃取過度。但咖啡粉愈多，研磨度愈粗，愈不易萃取，容易造成萃取不足。

值得一提的是烘焙度與萃出率的關係，愈淺焙的咖啡纖維質愈堅硬，愈不易溶出滋味，因此需以較高水溫、較長時間沖泡或較細研磨度，以免萃取不足。反之，愈深焙的咖啡纖維受創愈重愈鬆軟，愈易溶出成分，宜以較低水溫、較短時間沖泡或較粗研磨度，以免萃取過度。因此，淺中焙咖啡明顯比深烘重焙，更經得起較強度的萃取。

烘焙度是變因

值得留意的是，洛克哈特博士的「金杯準則」是以淺中焙咖啡做為濾泡咖啡的取樣標準，烘焙度在一爆結束至接近二爆，即Agtron/SCAA烘焙色盤＃65～＃55。

當時可能是Espresso尚未流行或為了取樣方便，「金杯準則」並未擴大到深焙領域。但個人經驗，深烘重焙咖啡的可口萃出率與濃度區間，會明顯比淺中焙更為狹窄。目前歐美版「金杯準則」主要以淺中焙為主，將來或許會推出深烘重焙版的「金杯準則」，值得期待，但區間肯定更小。

濃度精義：決定味譜強弱

即使命中18%～22%「黃金萃出率區間」，但這只完成「金杯準則」雙重要件之一，還必須命中濃度的可口區間，才符合「金杯準則」要義。

從咖啡粉萃出的標準質量滋味物，必須有適當的水量混合稀釋，才能泡出濃淡適口的美味咖啡。如果稀釋的水量太少，造成滋味太強，反而礙口，如果稀釋的水量太多，使得滋味太薄弱，低於味蕾細胞的感官門檻，就會覺得水感太重，失去品啜咖啡樂趣。

濃度是指溶入杯中滋味物的重量，與咖啡液毫升量的比值，以百分比呈現。因此耗用的水量愈多，咖啡液的滋味強度愈弱，即濃度愈低。反之，稀釋的水量愈少，咖啡液滋味強度愈高，即濃度愈高。雖然濾泡咖啡的濃淡，如前所述難有普世標準，但仍有一定的區間值可供參考，歐美濾泡咖啡濃度的最大公約數，顯然就落在1.15%～1.55%（11,500ppm～15,500ppm）。

筆者採用SCAA、SCAE、ExtractMojo以及NCA，四大金杯系統的濃度最大公約數1.15%～1.55%做為論述依據。可別小看這高低標濃度只差0.4%，如果沖泡1000毫升咖啡液，在相同粗細度與水溫前提下，要達到高標濃度1.55%所耗用的咖啡粉量，會比低標濃度1.15%多出20公克，簡單試算如下：

假設泡出的黑咖啡液為1000毫升，且萃出率均為20%

A. 已知濃度1.55%，萃出率20%，泡出1000毫升咖啡液需用多少克咖啡粉？

※濃度＝萃出滋味物重÷咖啡液毫升量→
1.55%＝萃出滋味物重÷1000毫升
萃出滋味物重＝15.5克

※萃出率＝萃出滋味物重÷咖啡粉重→

20%＝15.5÷咖啡粉重

咖啡粉重＝77.5克＃

B. 已知濃度1.15%，萃出率為20%，泡出1000毫升咖啡液需用多少克咖啡粉？

※濃度＝萃出滋味物重÷咖啡液毫升量→

1.15%＝萃出滋味物重÷1000

萃出滋味物重＝11.5克

※萃出率＝萃出滋味物重÷咖啡粉重→

20%＝11.5÷咖啡粉重

咖啡粉重＝57.5克＃

77.5－57.5＝20克＃

運用第6章最前面的兩大公式，即可得知1000毫升，要達到濃度1.55%，需要咖啡粉77.5克，而要達到濃度1.15%，需要咖啡粉57.5克。1.55%的耗粉量，比濃度1.15%多出20克。

所以萃出率同為20%，同樣泡出1000毫升咖啡液，但濃度要從1.15%，增加到1.55%，需增加20克咖啡粉才能竟功。

內力深厚的濃度

如何解讀1.15%～1.55%的濃度？這表示一杯黑咖啡中，98.45%～98.85%是水分，而溶入杯中令人愉悅的咖啡成分僅占1.15%～1.55%，如以一杯200克黑咖啡為例，杯中的咖啡成分約重2.3～3.1公克，水的重量高達196.9～197.7公克。想看看喝下一杯約200克咖啡，令人喊爽的咖啡成分只有2.3～3.1公克，區區的3公克精華，竟然可造成200克咖啡液高達11,500ppm至15,500ppm的「夾雜度」，咖啡神奇的力量能不令人折服嗎？

濃縮咖啡的萃出率與濃度

雖然「金杯準則」是以濾泡咖啡為主，但18%～22%的「黃金萃出率區間」，基本上亦適用濃縮咖啡。吾人實際經驗也發覺精緻烘焙的淺中焙濃縮咖啡豆經得起21%～22%較高的萃出率，仍極為甜美醇厚，但深焙的濃縮咖啡豆，萃出率如果超出20%，就易出現苦酸鹹澀的咬喉口感。

因此，濃縮咖啡版的「黃金萃出率區間」，不妨修正為：淺中焙最佳萃出率為18%～22%，深焙最佳萃出率區間宜縮小為18%～20%。這只是筆者的淺見，無損洛克哈特博士的研究成果。

濃縮咖啡濃幾許

相信濃縮咖啡迷更感興趣的是Espresso到底有多濃，有可供參考的數值嗎？雖然洛克哈特博士未做相關研究。不過，近年歐美精品咖啡「第三波」的好事者，挺身而出做了若干檢測，替洛克哈特博士彌補缺憾。

如以萃取量稍多，約30毫升～45毫升的「美式Espresso」而言，濃度約在5%～12%（50,000ppm～120,000ppm）之間；如以萃取量更少，約15毫升的義大利超濃Espresso，也就是Ristretto，濃度約在12%～18%（120,000ppm～180,000ppm）區間，這比「金杯準則」濾泡式咖啡的濃度1.15%～1.55%，高出十倍以上，果然破表了。

義大利人習慣每杯8公克咖啡粉，萃取量較少，不到15毫升的濃縮咖啡，咖啡液約重9克～13克，雖然每杯濃縮咖啡耗粉量與濾泡咖啡的7～8公克差不多，但Espresso或Ristretto萃取的咖啡液，比濾泡咖啡少了十倍，因此濃度高出十倍，不難理解。

Espresso 濃度檢測器出爐

09年ExtractMoJo又推出濃縮咖啡版的濃度檢測器，外觀與濾泡咖啡檢測儀相同，亦有濾泡與濃縮咖啡雙用版的檢測器，但檢測Espresso的濃度區間更寬廣，在0%～20%（0ppm～200,000ppm）之間，比濾泡式咖啡的檢測區間0%～9%（0ppm～90,000ppm）高出兩倍。

洛克哈特博士半世紀前提出萃出率與濃度，做為檢測濾泡咖啡是否美味的兩大量化工具，但他絕未料到，自己的研究成果也應用在濃縮咖啡檢測上。大師的影響力，持續發功至今！

武功秘笈：濾泡咖啡品管表

瞭解萃出率與濃度精義後，可再深入瞭解洛克哈特博士於1952～75年，職掌CBI、CBC期間，根據「金杯準則」理論，經過MRI專家修正後，聯手編製的「濾泡咖啡品管表」。以萃出率、濃度以及泡煮比例（即咖啡粉量）三大量化工具，做為濾泡咖啡的品管標準，由於精準度極高，至今仍被SCAA、SCAE、NCA與ExtractMoJo奉為武功秘笈。請參考以下圖表。

圖表 7 — 1 濾泡咖啡品管表（CBC 版）

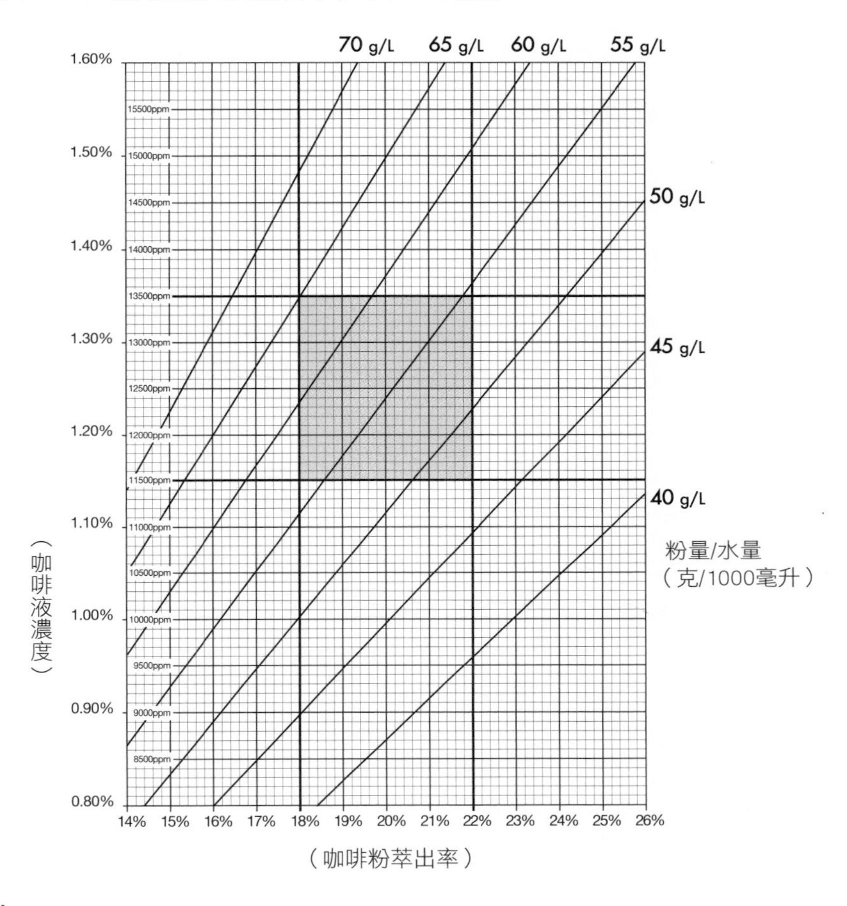

說明：

- 最左邊縱軸代表濃度，從最低的 0.80% 到最高的 1.60%。最底部的橫軸代表率出率，從最低的 14% 至最高的 26%。
- 斜線則代表咖啡粉與生水毫升量的泡煮比例，也就是〔粉量（克）／水量（1000 毫升）〕，從最低的〔40 克／ 1000 毫升〕到最濃的〔70 克／ 1000 毫升〕。
- 此表為早期的 CBC 版本，最佳濃度區間 1.15% ～ 1.35%，與最佳萃出率區間 18% ～ 22%，兩相交集的黃金方矩，即為美國人最偏愛的咖啡濃度與萃出率區間，至今仍為 SCAA 所採用。

＊此表是洛克哈特博士等專家，以美式滴濾咖啡機在相同研磨度、水量和水溫條件下編製。

＊此品管表的濃度值顯示老美咖啡口味偏淡，對重口味咖啡迷而言，仍有加濃空間，但18%～22%完美萃出率區間，至今仍被各國奉為圭臬，對咖啡萃取學是一大貢獻。

＊筆者在濃度百分比右側補進ppm數值，方便比較。

金杯方矩：最佳萃出率與濃度交集區間

圖7—1中，最佳濃度1.15%與1.35%的水平線區間，恰與最佳萃出率18%～22%的垂直線區間交集出一個黃金矩形，而泡煮比例50克／1000毫升、55克／1000毫升、60克／1000毫升、65克／1000毫升的斜線，正好通過此矩形，共築百味平衡的「金杯方矩」。

此區塊的泡煮比例（1：15至1：20）、萃出率（18%～22%）與濃度（1.15%～1.35%），已通過美國民眾試喝，具有堅實的民意基礎，成為SCAA「金杯方矩」的目標區，但ExtractMoJo則將濃度區間調高到1.2%～1.4%，更符合老美近年口味趨濃的事實。

星巴克命中蜜點

洛克哈特博士認為咖啡粉與水的最佳泡煮比例落在1：15至1：20之間，但美國專家杯測後，認為55克斜線與萃出率20%垂直線以及濃度1.24%水平線，三線交會處的滋味與濃度最甜美可口，此交點恰好位於「金杯方矩」的紅心點，因此以1000毫升泡煮55克咖啡粉，濃度在1.24%，萃出率在20%是為「最佳蜜點」，此一泡煮比例為1：18.18，成為今日SCAA杯測賽採用的比例。

有趣的是，筆者幾經查訪後發現，星巴克濾泡咖啡比例在1：17.3至1：18.64間，恰好含蓋了「最佳蜜點」，星巴克的泡煮比例捉得相當精準，顯然是「金杯準則」的信徒。反觀國內一般咖啡連鎖店或便利店的泡煮比例稀釋到1：25以上，真不知是喝水還是喝咖啡！

不過，SCAA剛卸任的理事長彼得．朱利安諾（Peter Jiuliano）則是1：16.66泡煮比例的捍衛者，經常為文倡導，也就是每1000毫升生水對60公克咖啡粉，這顯然比1：18.18濃一點，顯見老美已逐年擺脫淡咖啡之譏。

對應點的算法

「濾泡咖啡品管表」的水平線、垂直線與斜線的位置與交會點，是有科學根據，不是亂畫出來，你以多少粉量（斜線），多少萃出率（垂直線），可泡煮出多少濃度（水平線），自有定數，也就是說粉量的斜線與萃出率的垂直線交點，自會對應到該有的水平線濃度。而這些對應點的算法，可從第6章最前面提示的濃度與萃出率兩大公式算出。

以泡煮比例55克／1000毫升斜線與萃出率20%的垂直線相交，會對應到濃度1.24%為例，試算如下：

※萃出率＝萃出滋味物重量÷咖啡粉重量
20%＝萃出滋味物重量÷55克
萃出滋味物重量＝11克
※濃度＝萃出滋味物重量÷咖啡液毫升量
濃度＝11克÷〔1000－（55×2）〕＝1.24%＃

「金杯準則」的水量是以生水為準，根據研究，每公克咖啡粉會吸走水分2～3毫升，故實際泡出的咖啡液公式為：

※咖啡液毫升量＝〔生水毫升量－（咖啡粉×2）〕
或〔生水毫升量－（咖啡粉×3）〕

因此杯內咖啡液的濃度公式可擴展為：

※濃度＝萃出滋味物重量÷咖啡液毫升量
＝萃出滋味物重量÷〔生水毫升量－（咖啡粉×2）〕

粉量與萃出率成反比

咖啡從業員有必要深入了解CBC的「濾泡咖啡品管表」理論，這對咖啡萃取有很大啟發，而非迷信不切實際的神話。該品管表是以室溫下1000毫升的生水為準，以美式濾泡咖啡機沖煮，烘焙度訂在二爆前的中焙，磨粉刻度相同，唯一不同的是粉量，從40克至70克不等，因此可分析粉量多寡對萃出率及濃度的影響。

結論是在固定水量下，粉量與萃出率成反比，這從粉量的斜線與萃出率的垂直線的交點，看得很清楚，即粉量愈多，萃出率愈低。請參考圖表7—1，55克粉量的斜線與萃出率20%垂直線，對應到濃度1.24%，但粉量增加到60克，欲泡出相同的濃度1.24%，萃出率必須降至18.18%才可，亦可用上述的公式算出，這顯示粉量與萃出率的反比關係。

反之，粉量愈少，萃出率愈高，愈易凸顯萃取過度的咬喉感。但粉量與濃度成正比，這從粉量的斜線與濃度的水平線交點可看出，即粉愈多濃度愈高。

洛克哈特博士根據美國民眾試喝的結果，歸納出50克至65克粉量區間對1000毫升水量（尚未加熱的生水）的泡煮比例最可口，對老美而言，粉量低於50克會太淡，超出65克會太濃，也就是說粉與水的理想泡煮比例在1：15至1：20之間，是老美最能接受的泡煮比例，SCAA至今仍採此標準。

然而，這畢竟是半世紀前老美的口味標準，08年美國ExtractMoJo面市，所編的「濾泡咖啡品管表」，則把濃度提高到1.2%～1.4%，這比洛克哈特博士版本的濃度1.15%～1.35%，上修了0.05%，顯見今日老美喝咖啡的濃度有提高之勢。雖然濃度只小幅提高0.05%，但美國最佳泡煮比例仍未脫離1：15至1：20的區間範圍。

環球版咖啡品管表

如果CBC或SCAA版的「濾泡咖啡品管表」，即圖表7—1，加入ExtractMoJo、SCAE和NCA的濃度標準，即可擴充為環球版的「濾泡咖啡品管表」，如圖表7—2。

歐美推動「金杯準則」的咖啡機構皆以CBC的「濾泡咖啡品管表」為藍本，進一步編製符合各民族濃淡偏好的版本，筆者比較後發現NCA、SCAE與ExtractMojo的「濾泡咖啡品管表」，與洛克哈特博士的CBC版本大同小異，只在濃度做了上修，也就是遵循萃出率18%～22%的既定軌道，增加粉量將濃度往上挪移而已。換言之，CBC或SCAA「濾泡咖啡品管表」的濃度區間為1.15%～1.35%，ExtractMojo版的濃度區間為1.2%～1.4%，SCAE版的濃度區間為1.2%～1.45%，NCA版最濃，為1.3%～1.55%。

圖表 7 — 2 環球版濾泡咖啡品管表

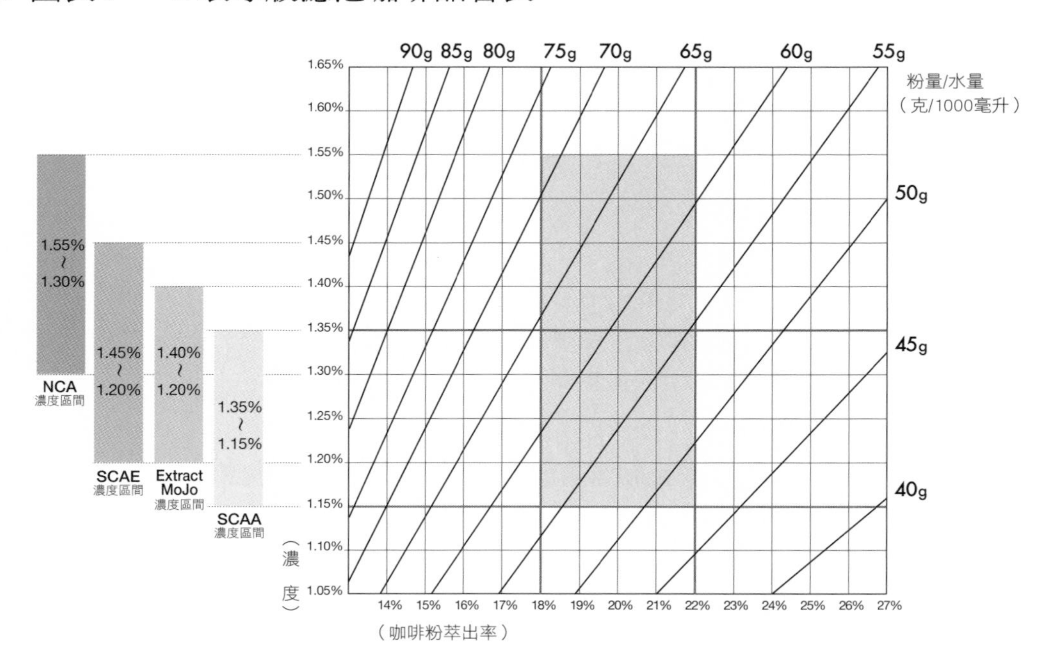

但這四大金杯系統的萃出率區間，皆鎖定在18%～22%。進入科學昌明的二十一世紀，各大「金杯準則」機構，咖啡品管表的內容與架構，仍不脫1965年CBC版本的框架，足見前人種樹後人乘涼，洛克哈特博士的研究成果餘威未減。

挪威嗜濃增加粉量

因為CBC或SCAA的版本經挪威民眾試喝，覺得偏淡，挪威的「濾泡咖啡品管表」，將濃度調高到1.3%～1.55%，但18%～22%的萃出率區間不變，也就是說挪威版本是順著18%～22%的萃出率軌道，上調濃度區間至1.3%～1.55%，因此通過「金杯方矩」的斜線（粉量／1000毫升），粉量至少要53公克，但最多不得超過73.5克，才可泡出符合挪威1.3%～1.55%的濃度區間，也就是說最佳粉量區間為53克至73.5克，泡煮比例介於1：13.6（1000÷73.5）至1：18.86（1000÷53）之間。

因此NCA版的最佳泡煮比例從SCAA版的「1：15至1：20」，拉高到「1：13.6至1：18.86」。換言之，歐美泡煮比例的最大公約數在1：13.6至1：20，也就是介於最濃的挪威與最淡的美國之間。

當然，咖啡粉磨細一點或提高萃取水溫，可明顯拉高萃出率，亦有可能在不增加咖啡粉前提下，拉升濃度並節省耗粉量，進而增加利潤，但太細的咖啡粉或太高的水溫，矯枉過正，很容易萃出高分子量的礙口成分，增加咖啡酸苦鹹澀的咬喉感，聰明反被聰明誤，並非正派做法。

咖啡品管表暗藏天機

從字面上看，大多數人以為萃取不足的咖啡，清淡無味，萃取過度則濃烈礙口，實則不盡然，這還要看濃度而定。如果以偏高濃度，故意製造小幅度的萃取不足（水量太少或粉量太多），則較高的濃度，恰好彌補萃取的不足，亦有可能泡出醇厚甜美的咖啡，賽風與手沖，堪為典範。然而，如果在濃度偏低的情況下，造成萃取過度（水量太多或粉量太少），咖啡雖然很稀薄，卻有惹人厭的苦味，因此，萃取過度或萃取不足的味譜，端視濃度與萃出率的互動關係而定，相當複雜。

筆者從環球版「濾泡咖啡品管表」的萃出率與濃度，進階演繹出A、B、C、D、E、F、G、H、I，九大方矩的泡煮模式，來解釋耐人玩味的醇厚、淡雅、清淡、濃苦、淡苦或咬喉問題。請參考圖表7—3。

圖表7—3，由濃度1.15%～1.55%水平線以及萃出率18%～22%垂直線，交互切割出A、B、C、D、E、E、F、G、H、I九個方矩，。

原則上，濃度在1.15%以下區塊，以清淡味譜為主，但最糟的是又淡又苦；濃度在1.55%以上區塊，以濃烈味譜為主，從醇厚到咬喉兼而有之；萃出率在18%以下區塊（即18%左邊區域），以萃取不足的味譜為主，從醇厚到清淡如水皆有；萃出率在22%以上區塊（即22%右邊區域），咖啡以萃取過度的味譜為主，從濃苦到又薄又苦。

以下九大方矩，以居中的E區「金杯方矩」最為經典，也最符合普羅大眾的口味；B區與H區方矩，位處萃出率18%～22%軌道內，並無萃取過度或萃取不足問題，只是濃度偏好的差異而已。最值得注意的是A區方矩，雖然不符合「金杯準則」，卻是日本和台灣重口味手沖和賽風族最愛光顧的特區。九大方矩的泡煮模式與味譜，詳述如下。

圖表 7 — 3 九大方矩：萃取模式與味譜

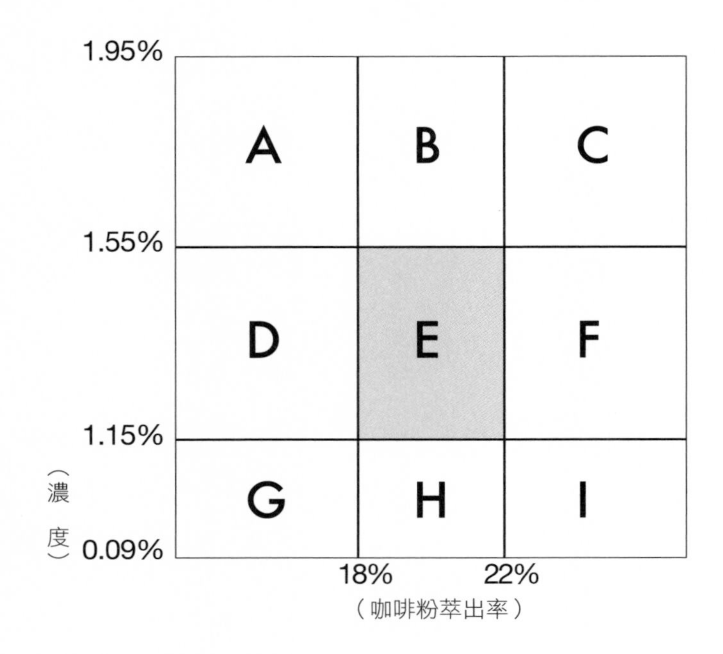

*理論上，E區「金杯方矩」百味平衡，是各大咖啡機構完美萃取的目標區。

*實務上，A區方矩以較高濃度彌補萃取不足的泡煮模式，是手沖和賽風常用手法。

經典E區：萃出率18%～22%，濃度1.15%～1.55%

（請參考附錄例一）

此區位處最佳濃度與最佳萃出率的交集區，NCA、SCAA、SCAE、ExtractMoJo四大機構「金杯方矩」的目標區均包含在內，是歐美「金杯準則」與咖啡萃取學的聖地。

E區可謂百家爭鳴，洛克哈特博士較淡雅的「古早」味譜，半世紀前已通過美國民意淬煉，後來「移植」到挪威和英國，卻被嫌太淡，雖經修正，但「金杯方矩」更動的振幅亦有限，NCA、SCAE、ExtraMoJo充其量只敢沿著18%～22%

萃出率的軌道，往上調整濃度而已。

有趣的是，SCAA至今仍堅持老美清淡口味的傳統，死守1.15%～1.35%為最佳濃度區間。但挪威已上調到1.3%～1.55%， 泡煮比例亦從SCAA的1：15至1：20，拉升到1：13.6至1：18.86。

E區是公認最經典的百味平衡黃金特區，兼具不浪費咖啡與提高甜美滋味的雙重優點，是歐美大品牌咖啡連鎖店，濾泡咖啡的品管目標區間。

濃而不苦 A 區：萃出率低於18%，濃度高於1.55%（請參考附錄例二）

此區的泡煮模式最具爭議性，濃度在標準值1.55%以上，但萃出率卻在標準值18%以下，也就是萃取不足與濃度過高的組合，說穿了是故意以超額粉量，拉高咖啡濃度，以彌補萃取的不足，這種泡煮模式的耗粉量較多，但萃出率偏低，致使過多的咖啡成分殘留在咖啡渣裡，常被批評為暴殄天物，莫此為甚。

A區對口味較清淡的咖啡族而言，過於濃烈礙口，但對嗜濃族，猶如醇厚甜美的瓊漿玉液。日本、台灣有不少賽風和手沖族，慣用超額粉量並縮短沖泡時間，來壓抑苦味並提高厚度、壓低酸味並提升香氣。就連近年風靡歐美的「第三波」業者，也常用此法來彰顯與眾不同的濃厚味譜。

此區的濃度，在1.55%～1.95%之間，但萃出率卻只有16%～18%，粉量與萃取水量（生水毫升）比例，約1：12至1：13（如採咖啡粉重與黑咖啡液毫升的比值，約1：10至1：11）。如以歐美濾泡咖啡濃度的最大公約數1.15%～1.55%，最佳萃出率18%～22%以及最佳泡煮比例的最大公約數1：13.6至1：20來衡量，A區的濃度太高，萃出率太低而且粉與水的泡煮比例偏高，並不符合「金杯準則」。

但為何有那麼多重口味手沖與賽風族喜歡這種泡煮模式，道理何在？

前面曾提及低分子量、中分子量與高分子量的滋味與香氣理論，足以解釋為何增加濃度並降低萃出率，即增加咖啡粉量，縮減泡煮時間與攪拌力道的模式，可有效提高咖啡液的醇厚度並規避不討好的苦澀。

因為低分子量的花草水果酸香物以及中分子量的與焦糖滋味物，遠比高分子量的焦鹹苦澀成分，更易被熱水溶解。增加粉量可降低萃出率，進而避開高分子量味譜被萃出的機會，而且縮短萃取時間和降低攪拌力道與次數，亦有抑制萃出率的效果，使得咖啡液只溶入低分子量與中分子量的芳香滋味物，進而防止高分子量惡味被榨取出來的機會，如果控制得宜，偏低的萃出率恰好被偏高的濃度彌補了。

增加粉量提高濃度並降低萃出率的泡煮模式，旨在溶進更多低分子與中分子量的酸香與甜美滋味物，並抑制高分子量的焦苦鹹澀，從而泡煮出濃而不苦的香醇咖啡，但代價是必須增加每杯咖啡的耗豆成本。

但使用這種萃取法要非常小心，以免泡出一杯尖酸礙口的濃咖啡，因為低分子量滋味物均帶有明顯酸味，而萃取不足恰好又規避了高分子量滋味物的中和，很容易凸顯咖啡的酸味，如果烘焙度太淺又採此萃取法，很可能產生反效果。個人經驗，衣索匹亞、印尼、印度等酸味較低的產地，會比肯亞、巴拿馬藝伎、帕卡瑪拉等具有厚實酸味的咖啡，更適合濃烈A區的泡煮模式。基於珍惜大地資源與咖啡農心血，最好還是回歸E區的正統萃取法。

濃度偏高 B 區：萃出率 18% ～ 22%，濃度高於 1.55%

此區恰好位於E區正上方，但仍在18%～22%黃金萃出率區間，並無萃取過度或不足的問題，純粹是濃度拉高的問題，基本上，此區的苦味會高於A區，因為萃出率即使正常，但濃度偏高，很容易凸顯苦味。

有趣的是，人類對濾泡咖啡濃度的忍受度似乎遠低於Espresso。筆者對濾泡咖啡濃度的容忍度約1.85%（18,500ppm）超出此值就喝不下口，但卻可輕鬆喝下濃度18%（180,000ppm）的Ristretto，這比濾泡咖啡濃上十倍，為何如此？我想可能與濾泡咖啡沖太濃，風味很容易失衡，而產生礙口的排斥感，而義式濃縮咖啡，黏稠度高，香氣與滋味豐富，可能因此麻痺或討好了味覺與嗅覺，進而提高容忍度。

SCAA資深顧問林哥曾指出，1.8%濃度是一般人對濾泡咖啡的忍受極限，這與筆者的上限非常接近。但我也遇過容忍度極低的人，有些咖啡族只要超過1.3%就覺得太濃喝不下，這些人多半無法喝Espresso。基本上，常喝Espresso的人，對濃度的容忍度較高。

特濃劇苦 C 區：萃出率高於 22%，濃度高於 1.55%

此區不但萃取過度，更糟的是濃度也超標，是典型的特濃劇苦又咬喉特區，堪稱九大方矩中，味譜最不討好的「禁區」。

萃出率超出22%，溶入太多焦苦酸鹹澀的高分子量滋味物，又有超標濃度的相乘效果，味譜肯定劇苦咬喉。如果咖啡粉磨太細、水溫過高、萃取時間太久或水量太少，就很容易闖進此一虐待味蕾的特區，諸君跟誰有仇就請他喝C區咖啡吧！

風味發展不足 D 區：萃出率低於 18%，濃度 1.15% ～ 1.55%

此區位於「金杯方矩」左側，濃度區間雖符合標準，但萃出率偏低，致使過多的芳香物未能釋出，殘留在咖啡渣裡，滋味與香氣略顯發展不足。

此區與A區雖同屬萃出率偏低區，但A區有超標的濃度，來補足味譜太薄的缺憾。但D區並無超標濃度加持，咖啡喝來少了好幾味。解決之道在於提高萃出率，包括咖啡粉少一點、磨細一點、水溫高一點或延長萃取時間，擇其一即可獲改善。

雜苦味偏重F區：萃出率高於22%，濃度1.15%～1.55%

此區位於「金杯方矩」右側，濃度區間雖符合標準，但萃出率偏高，致使高分子量惡味溶解過多，容易喝出咖啡的苦鹹味與澀感。解決之道，在於降低萃出率，包括粉量多一點、咖啡粉磨粗一點或沖煮時間減短點，應可改善萃取率偏高的問題。

淡薄無力G區：萃出率低於18%，濃度低於1.15%

這是九大方矩中，最淡而無味的特區，萃出率與濃度皆處於最低區塊，喝來水感十足，不像喝咖啡。懇請諸君別太小氣，多加點粉量，或磨細點，延長泡煮時間，可改善這些問題。

淡雅H區：萃出率18%～22%，濃度低於1.15%

此區位於「金杯方矩」正下方，萃出率雖符合標準，但粉量太少、磨粉太粗或泡煮時間太短，致使濃度偏低，但整體風味仍優於G區，因為萃出率正常所致。有些淡口味咖啡迷，似乎很喜歡這個淡雅特區。如果想調低濃度，不妨沿著18%～22%軌道，較為正派安全。

黑心咬喉I區：萃出率高於22%，濃度低於1.15%（請參考附錄例三）

此區與A區形成強烈對比，前者是添加超額粉量，並縮短萃取時間，刻意營造萃取不足，來規避高分子量咬喉滋味物，盡量以高濃度的低分子量與中分子量優雅滋味物填補萃取不足。

I區恰好相反，為了省錢，不惜以低於標準的粉量，用極端萃取手法，比方提高萃取水溫、用力或延長攪拌時間、磨粉刻度調細……盡可能壓榨出咖啡所有的水溶性滋味物，即使礙口的高分子量滋味物也不放過，以彌補粉量太少與濃度不足問題，此法是黑心店家的最愛，最典型的例子是以10克咖啡粉至少泡出200～300毫升的賽風咖啡。

不明就裡的外行人，喝了黑心特區的咖啡，會有特濃的錯覺，實則濃度不夠，只是被高分子量苦鹹澀的咬喉物麻痺而不自知。喝慣了這種黑心咖啡，味覺容易被「教壞」，難怪老菸槍似乎頗能接受這種使用熬中藥的泡煮手法，但實際上，濃度偏低的咖啡。淡苦咬喉是此區特色。

重口味勿自喜，淡口味勿自卑

如果你對咖啡味譜的偏好度，恰好命中E區的「金杯方矩」，恭禧你與80%的咖啡族，共享主流口味的殊榮。如果你偏好A區，恐怕要歸入重口味一族，並背負浪費咖啡的罵名。有些咖啡族以重口味自豪，但可不要高興過早，這可能是味蕾細胞少於常人或太遲鈍，所以需靠高濃度來刺激助興。

偏好H區淡雅口味的人也不要太自卑，因為你的味蕾數可能高於常人，既使濃度偏低亦能滿足敏銳的味覺。濃淡偏好，純粹是個人主觀好惡問題，無關對錯是非。你對咖啡味譜的偏好，屬於主流族群或化外刁民？

濃度與新鮮度無關

再來探討一個有趣問題，新鮮豆泡出的咖啡比過期豆更香醇，因此很多人以為愈新鮮的咖啡，所含芳香物愈多，所以濃度愈高，乍聽下似乎合理。其實不然。

根據前述濃度公式，咖啡濃度的高低只和萃入杯中咖啡滋味的重量，即公式的分子，以及咖啡液毫升量，即公式的分母有關，也就是說萃入杯內的滋味成分愈重，且稀釋滋味物的液體愈少，則咖啡濃度愈高。反之，咖啡濃度愈低。

基本上，新鮮豆與走味豆在相同沖泡條件下，即粉量、水量、水溫、時間、粗細度、水流和攪拌力均相同下，所泡出的咖啡濃度並無明顯差異，雖然香醇度明顯有別，但請留意咖啡芳香物的多寡，無法以濃度或總固體溶解量來測量。

《專業咖啡師手冊》作者拉奧，做了一項實驗，應證了此看法。他將三支新鮮度不同的豆子，一支是三天前出爐、另一支是一個月前出爐、第三支則是兩個月前出爐，置於相同的沖泡條件下，以美式滴濾壺泡了四十杯咖啡，並以「神奇萃取分析系統」檢測其總固體溶解量，結果發現三天前出爐的新鮮豆所泡的黑咖啡濃度，與一個月前或兩個月前的走味豆，並無明顯的不同。換言之，走味豆的香醇度雖不如新鮮豆，但萃入杯中的水溶性成分並不比新鮮豆少。

筆者認為這並不難理解，因為不新鮮豆的芳香物已被氧化，生成其他腐敗物質，萃入杯中的成分不但未減，甚至有可能增加，也就是說，走味豆的香醇成份雖已氧化減少了，卻生成其他風味不佳的物質，所以濃度並未明顯下降。因此，試圖以總固體溶解量（濃度）的高低，來判讀咖啡是否新鮮，將會徒勞無功。

在正常粗細度、水溫與萃取條件下，走味豆的粉重與毫升數的泡煮比例只要符合1：13.6至1：20的最大公約數，仍有可能命中「金杯方矩」，豈不很矛盾？細究的話，並不矛盾，因為濃度代表溶入咖啡液的滋味物多寡，其中包括美味與不美味的成分。因此「金杯準則」還是以新鮮豆為準，較合乎常理。

目前僅能在沖泡時，觀察排氣是否旺盛，來判定咖啡豆是否新鮮。咖啡粉遇熱水隆起幅度愈大，表示排氣愈旺，即咖啡愈新鮮。如果咖啡粉遇熱水，不但未隆起反而陷下去成殞石坑，則表示咖啡已「斷氣」，是走味豆的警訊。

金杯準則的實證分享

四年前，筆者無意間讀到洛克哈特博士半世紀前研究咖啡濃度與萃出率的文章，深受啟發，於是行禮如儀，以烤箱烘乾潮濕的咖啡渣，算出咖啡粉的萃出率與咖啡液的濃度，後來我又想出日曬大法，以更環保的自然力，脫去咖啡渣水分，把麻煩當有趣。

但我從檢測過程中，更明瞭咖啡萃取的精義。08年ExtractMoJo問世，對檢測濃度與萃出率是一大便捷。我幾經檢測，發覺烤箱與日曬大法，果然神準，算出的數據與ExtractMoJo幾乎相同，是值得依賴的「古法」。

我也深刻體會到「金杯準則」確實好用，濃度與萃出率命中「金杯方矩」的咖啡最為順口好喝，個人尤其偏好萃出率19%～20%，濃度1.3%～1.55%的黑咖啡最為清甜香醇，不必添加額外粉量，亦不必採用暴力萃取手法，即可泡出醇厚甘甜的好咖啡，這對節省咖啡資源是一大福音。但也有些重口味咖啡族覺得「金杯準則」所泡煮的咖啡，有點清淡，一時間無法適應，相信嗜濃族只要多喝淡雅清甜的咖啡，假以時日會驚覺咖啡過濃反而不易嘗出精緻多變的層次。

但使用ExtractMoJo要很小心，剛泡好的咖啡攪拌均勻，再取出5毫升暫置其它容器放涼到20℃～30℃，才檢測得準，該機子對溫度非常敏感，咖啡液超出30℃會失去準頭。過去，我泡完咖啡後，就忙著曬乾或烘乾咖啡渣，伺候咖啡渣像是小祖宗似的，唯恐小閃失，失之千里。而今，有了高科技檢測器協助，確實方便不少。

精品咖啡演進到「第三波」主宰的新時代，一切講究科學數據與辯證，而非無端搬弄神話，以訛傳訛。咖啡濃淡已不再是抽象的形容詞，專業人士必須以科學數據來說話。過去，咖啡師靠著經驗值泡出好咖啡，知道該怎麼泡卻不知所以然。而今，時代變了，老師傅的壓力肯定更大，我相信老手在既有經驗值的基礎上，若能輔以更科學的數據，必能提升專業形象與技能。要知道經驗值與科學數據並不相斥，乃相輔相成。唯有自我升級，迎接「第三波」考驗，才能立於不敗之地。

近年，杯測文化大行其道，咖啡館常見不速之客，持著杯測匙，大聲啜吸，品香論味，令人側目與不爽。而今，「第三波」狂潮席捲全球精品咖啡業之際，台灣難保不會出現舞文弄墨的「拗客」，如果哪天有人來踢館，大喊：「老闆，我要喝杯濃度15,000ppm，萃出率20%的曼特寧。另外再來一杯巴拿馬藝伎，濃度在13,500ppm，萃出率19.5%，行嗎？」

該如何泡出客人要求的濃度與萃出率，又該如何以「行話」回應「拗客」？ 場場好戲行將上演，這究竟是場夢魘或良性挑戰，端視咖啡師因應新局的心態與氣度！

附錄

自力救濟，動手算濃度

如果捨不得花三、四百美元購買ExtractMoJo來檢測咖啡濃度，何不自己動手算算看。其實，很簡單，請先備妥電子秤與烤箱，如無烤箱可利用連續四、五個豔陽天，亦可精確算出咖啡的濃度與萃出率。ExtractMoJo問世前的「古早人」就是這麼算出來的。

第6章開頭的兩大公式：

（1）萃出率（%）＝萃出滋味物重量÷咖啡粉重量

（2）濃　度（%）＝萃出滋味物重量÷咖啡液毫升量

因此只要有萃出滋味物重、咖啡粉重和咖啡液毫升量，即可算出萃出率與濃度，而咖啡粉重與咖啡液毫升，可用電子秤和量杯測得，但萃出滋味物的重量，比較不容易測得，也是最重要的參數。

萃出滋味物其實就是咖啡粉泡煮後所流失的重量，因為滋味物皆萃入杯中了，所以咖啡粉泡煮後，完全曬乾或烘乾後，再秤一次咖啡粉，會發覺萃取後的咖啡粉明顯變輕，所流失的重量就是萃出滋味物重，在此與讀者分享以下心得：

萃出滋味物重量＝
泡煮前咖啡粉重－泡煮後咖啡粉烘乾或曬乾重量

萃出率（%）＝
萃出滋味物重量÷咖啡粉（泡煮前）重量＝
（泡煮前咖啡粉重－泡煮後咖啡粉烘乾重）÷泡煮前咖啡粉重

因此，萃出率可說是咖啡粉泡煮後的失重百分比只要將泡煮後濕答答的咖啡渣收集齊全，置入烤箱烘乾，再取出秤重，即可求出萃出滋味的重量。如果沒有烤箱，亦可用陽光曝曬，但要小心咖啡渣被風吹掉，就失去準頭了。泡煮後咖啡粉烘乾或曬乾的程度要與泡煮前的咖啡粉乾燥度一致。

基本上，咖啡熟豆仍含有3%的水分，因此置入烤箱或用日曬法脫水，最好控制在含水量3%的水準，如有水分測量儀器更佳。原則上，曬乾或烘乾的粉渣摸起來膨鬆不黏手，與泡煮前手感相同即可。可借用以下三例換算說明：

例一：咖啡粉20克，泡煮出280毫升咖啡液，請試算咖啡萃出率與濃度？

先算萃出滋味物的重量，泡煮後的咖啡渣經烘乾後，秤得重量為16克，即可動手試算萃出率與濃度：

※萃出率＝（20－16）÷20
＝4÷20
＝20%＃
※濃　度＝萃出滋味物重÷咖啡液毫升
＝4÷280
＝1.42%＃

得出萃出率20%，命中18%～22%的目標，濃度1.42%亦符合「金杯準則」最大公約數1.15%～1.55%規範，泡煮模式位於「金杯方矩」E區內。

例二：咖啡粉20克，泡煮出200毫升咖啡液，請試算咖啡萃出率與濃度？

先算萃出滋味物的重量，泡煮後的咖啡渣經烘乾，秤得重量為16.68克，即可動手試算萃出率與濃度：

※萃出率＝（20－16.68）÷20
＝3.32÷20
＝16.6%＃
※濃　度＝萃出滋味物重÷咖啡液毫升
＝3.32÷200
＝1.66%＃

得出萃出率16.6%，低於「金杯準則」18%～22%區間，且濃度1.66%高於「金杯準則」最大公約數1.15%～1.55%區間，因此位於醇厚A區，也就是手沖和賽風族慣用的較多粉量泡煮較少咖啡液，故意營造萃取不足，並以高濃度來提升咖啡風味。此種萃取法適合重口味者。

例三：咖啡粉10公克，泡煮210毫升咖啡液，請試算萃出率與濃度？

先算萃出滋味物的重量，泡煮後的咖啡渣經烘乾，秤得重量為7.7克，即可動手試算萃出率與濃度：

※萃出率＝（10－7.7）÷10
＝2.3÷10
＝23%＃
※濃　度＝萃出滋味物重÷咖啡液毫升
＝2.3÷210
＝1.09%＃

萃出率23%高於「金杯準則」18%～22%區間，且濃度低於「金杯準則」1.15%～1.35%區間，因此位於苦口咬喉黑心I區，是小氣店家試圖以較少粉量來省錢的過度萃取戲法。

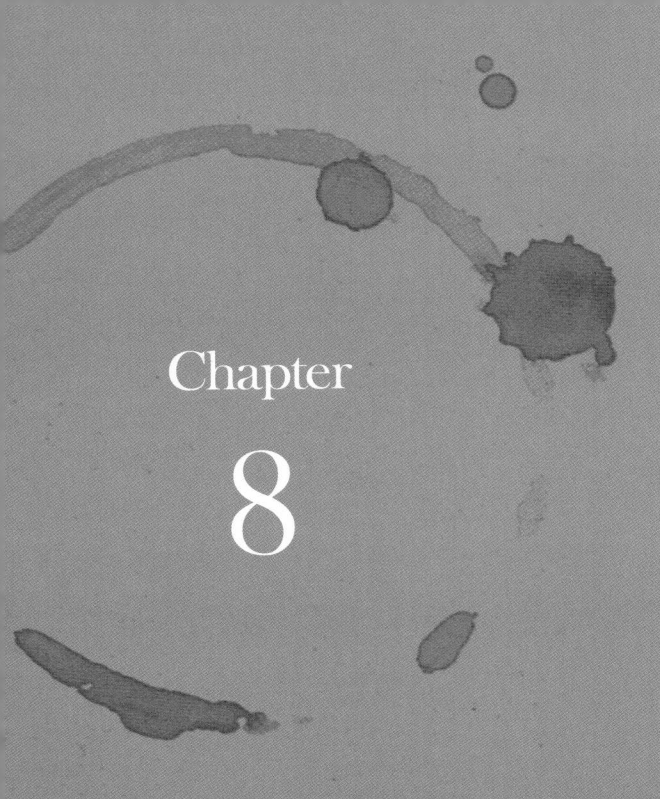

Chapter 8

如何泡出美味咖啡：基礎篇

如何泡出一杯絕品，為人間添香助興，是咖啡師摩頂放踵的職志。然而，人類五官很主觀，要泡出一杯眾人皆讚，無可挑剔的完美咖啡，幾乎不可能；大多數人認為香醇可口的好咖啡，總有人嫌濃、罵淡、畏酸或嫌不夠燙……一杯咖啡要討好悠悠眾口，談何容易！

但切勿因此喪志，只要（一）備妥度量衡工具、（二）掌握新鮮度、（三）掌握粗細度、（四）掌握3T、（五）掌握泡煮比例，這五大要訣，即可輕鬆泡出一杯挑逗味蕾的好咖啡。

§魔鬼與好神，盡在泡煮細節裡

德國有句諺語「魔鬼藏在細節裡」(The devil is in the details)，法國也有句古諺「好神藏在細節裡」（Le bon Dieu est dans le détail），這兩則諺語用來形容咖啡萃取，再恰當不過。

泡咖啡看似簡單，實則暗藏許多因小失大的細節，舉凡熟豆幾公克、水量幾毫升、水溫幾度和萃取幾秒……稍有閃失很容易泡出「魔鬼」。然而，「好神」亦藏在細節裡，你愈尊敬咖啡度量衡，愈可能泡出「天使」。

工欲善其事，必先利其器，學泡咖啡請先備妥度量衡工具，包括：電子秤、數位溫度計、咖啡匙、量杯和計時器，即可精準掌握泡煮比例、萃取時間與溫度，親近好神，而遠離魔鬼，進而提高沖煮的穩定性，不致好壞無常。

很多初學者甚至老手，常忽略度量衡工具，泡咖啡全靠感覺為之，猶如瞎子摸象，不易明瞭咖啡萃取的全貌。有了以下輔助小工具，今後泡咖啡更接近真理，遠離神話，很容易泡出自已喜歡的濃淡與味譜。

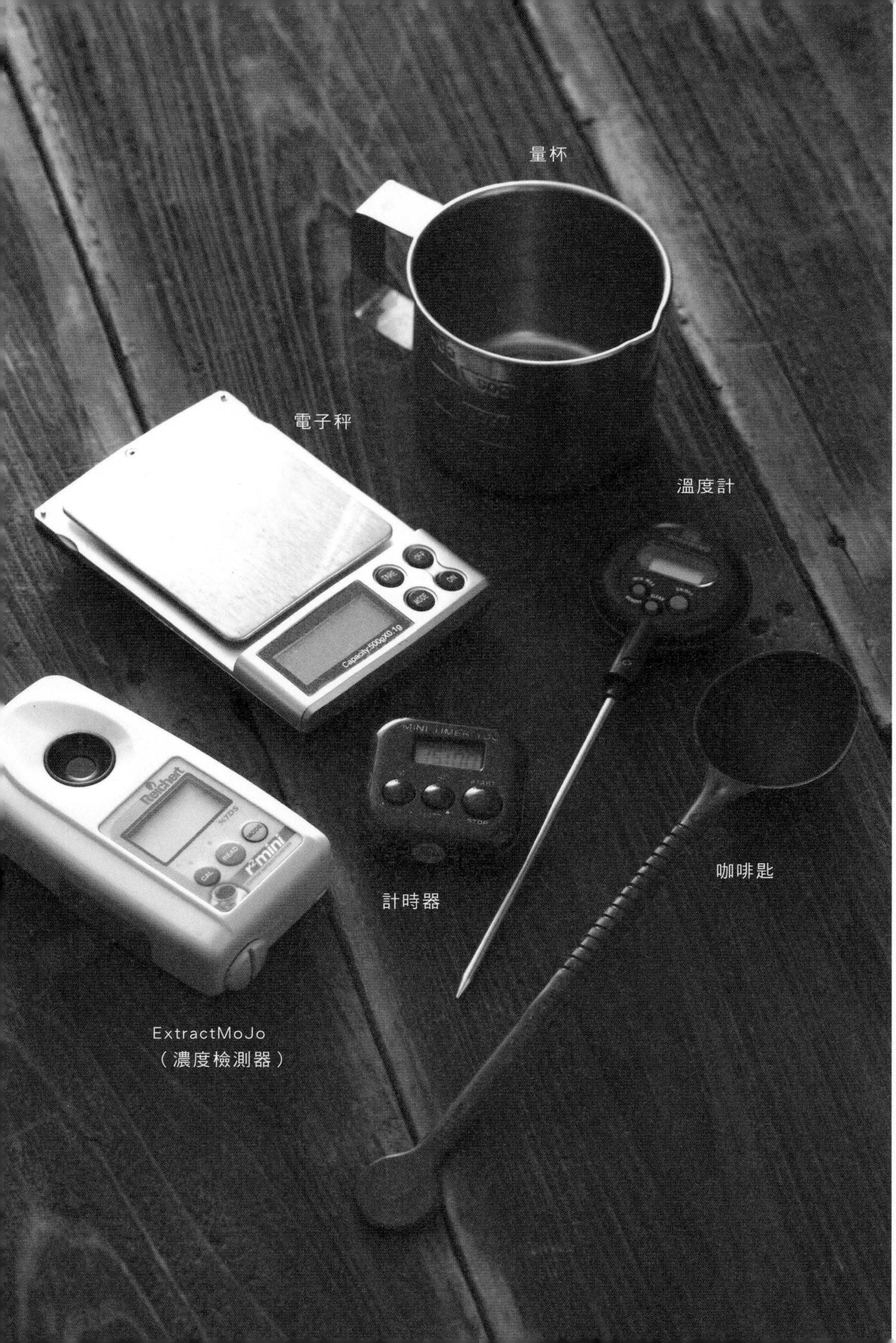

量杯

電子秤

溫度計

計時器

咖啡匙

ExtractMoJo
（濃度檢測器）

工具介紹：電子秤

液晶數位電子秤以500公克至2公斤規格，最適合為咖啡豆重量把關。500克規格的秤重範圍雖小，卻最為靈敏，最小感重單位為0.5克，而且可隨身攜帶，除了可秤出每杯咖啡的耗豆量，亦可輔助萃出率的研究，精確秤出咖啡渣的失重率。

規格太大的電子秤攜帶不方便，而且較不靈敏，最小感重單位為1克，不太適合做萃出率的研究，但用來秤每杯咖啡耗豆量，綽綽有餘。電子秤並不貴，值得投資，約台幣400元就買得到，較貴的數千元也有，最小感重單位為0.1克，甚至更小，多半用在實驗室。

但使用電子秤時請注意，受測物的溫度太高，會影響準確度，如果你要測一杯250毫升熱騰騰黑咖啡的重量，最好先在電子秤上墊一小塊軟木塞隔熱，以免失準，最後不要忘了杯具和隔熱片的重量都要扣除。

有了電子秤，不但可掌握每杯咖啡的耗豆量，精確算出每杯成本。更可用來做相關研究，比方說，秤一下同款豆子的淺焙、中焙、中深焙和重焙，每10公克，各含有幾粒豆子，你會發覺，同樣是10克重，但烘焙度愈淺，所含的咖啡顆數愈少，因為淺焙失重率低，較吃重所以粒數較少。重焙豆正好相反，非常有趣。

另外，你也可以秤一下200毫升的生水，以及等量的90℃熱水重量，會發覺生水比熱水重約3%～4%。有了電子秤，你很容易分辨真理與神話，對玩咖啡會有更客觀的認知。

工具介紹：咖啡匙

一般人以咖啡匙做為泡咖啡的標準，但咖啡匙規格不一，使用前最好先秤一下平匙與尖匙的豆重差多少，很多人誤以為一平匙恰好是10公克，這可不一定。

以咖啡館最常用的長柄匙為例，一平匙只有8克，小尖匙才有10克。如果你想以30克熟豆泡一大杯咖啡，卻取用3平匙，實際重量頂多24克，相差了6克，這會反映在咖啡的濃度上。

日本Hario咖啡器具附贈的咖啡匙，其內緣雖然標示出8克、10克和12克的刻度，但準確度不高。因為牽涉到淺焙與深焙，重量有別。

比方說10公克的淺焙豆，約有六十多顆豆，但中深焙豆失重率較高，較不吃重，約七十顆豆才夠，二爆結束的重焙豆，可能要80顆才夠10公克。因此以咖啡匙的容量來計豆重，變數不小。咖啡的濃淡要捉得精準，光靠咖啡匙是不夠的，請投資幾百元買個數位電子秤，先對你家使用的各款咖啡匙進行容量與重量的總體檢，會有新體認。

工具介紹：溫度計

手沖壺和賽風要泡得好，溫度計是必備行頭。

咖啡用的溫度計有三種，一種是打奶泡用的指針型溫度計，較不精準且不易讀出溫度值；第二種是廚師用的數位針式溫度計，較為精準，約幾百元就買得到；第三種為專業用K-type測溫器，最精準但價格較貴，亦可用在烘焙機。

建議最起碼要投資一支數位針式溫度計，不論手沖或賽風，皆可左右逢源，以溫度計的科學數據，協助你達成80℃～90℃的低溫萃取，或90℃至95℃的高溫萃取，破除譁眾取寵的神話與花招。

工具介紹：量杯

要掌握泡煮咖啡的生水毫升量或萃取後的咖啡液毫升量，切實執行「金杯準則」，就得靠量杯輔助，一般有玻璃、金屬和塑膠材質。

採買塑膠量杯請注意所用材質如為PE、PVC或PET，請不要買，因為耐熱度只有60℃至80℃。務必選購 PP材質，也就是聚丙烯做的，能耐130℃高溫。原則上，塑膠質地愈硬愈耐熱，但最好是以不鏽鋼或耐熱玻璃，最為安全可靠。

工具介紹：計時器

萃取時間長短，攸關手沖與賽風的萃出率與濃度，切勿耍帥靠感覺來泡咖啡，最好以秒數來全程掌握，計時器有警訊功能，提醒粗心的吧台手，相當好用，每支兩三百元就有。

工具介紹：ExtractMoJo（濃度檢測器）

有了以上五樣輔助工具，對於泡出美味咖啡大有幫助。如果你想進一步研究咖啡的萃取與濃度問題，不妨投資四百美元，買一支「神奇萃取分析器」，也就是美國「第三波」咖啡職人流行的ExtractMoJo，來檢測咖啡濃度。但使用前務必先取出5毫升熱咖啡放涼到20℃～30℃，才可檢測，以免高溫影響準確度。此機不便宜，一般玩家只需備妥上述五樣度量衡工具就夠用了。

新鮮是王道，斷氣沒味道

備妥了度量衡工具，接下來要談咖啡新鮮度問題。新鮮是美味先決條件，斷氣的走味豆即使神仙也難為。

咖啡出爐後，即使隔離空氣，一周後風味開始走衰，兩周後香消味殞更嚴重。一百多年前，化學家已注意到此問題，直到1930年後，科學家才逐漸了解咖啡走味的機制有多複雜。1937年美國知名食品化學家山繆．凱特．培史考特（Samuel Cate Prescott）研究咖啡走味進程，指出芳香物的揮發以及氧化作用，不足以解釋咖啡為何會走味。

目前已知，熟豆走味的複雜化學反應除了揮發與氧化外，還包括受潮的水解作用以及室溫下的梅納反應，亦即保存環境的溫度、氧氣與水氣愈高，走味速度愈快。

值得注意的是室溫下的梅納反應，即使隔離氧氣與濕氣，咖啡龐雜的化學成分在室溫下，也會彼此作用，慢慢降解與聚合，生成許多雜味。切莫迷戀咖啡的萬千香氣，而捨不得喝，要知道美味稍縱即逝，不管你是以真空包裝、單向排氣閥或灌入氮氣的金屬罐保鮮，均無法扭轉咖啡走味進程。不要相信咖啡企業所稱「咖啡出爐後，隔離氧氣，可保鮮半年至一年」的世紀神話。

咖啡走味機制大解密

咖啡鮮豆出爐後，啟動兩大難以扭轉的走味進程：

A. 好味道消失：討喜的香氣一周後遞減

芳香物揮發消失→焦糖與花果甜香味，消逝最快→濃郁的硫醇化合物兩周內減半

B. 壞味道增加：不討喜的雜味兩周後逐漸增加

氧化生成雜味化合物→室溫下的梅納反應，造出陳腐味

・**就好味道消失而言：**主要是氣化物的消失。咖啡出爐後，排放大量二氧化碳，氣化芳香物也隨之釋出，愈是萬人迷的香氣，愈快耗盡。淺中焙咖啡富含的香醛與香酯，帶有水果酸甜香，最容易揮發，經常在儲存過程中，優先氣化一空。

研究顯示，咖啡豆磨粉後，15分鐘內這些香醛與香酯會減少50%，因為香醛與香酯在大家聞香喊爽的同時，迅速揮發了，因此咖啡務必以全豆儲存，香醛與香酯在咖啡豆較完整的纖維質保護下，更易留住香醇，一旦磨成粉後，必須在幾分鐘內泡煮。

另外，中深焙咖啡主要香味「硫醇化合物」雖然也是硫磺、雞蛋、蔥蒜的重要成份，有趣的是，硫醇與呋喃、醛、酯與酮結合的化合物，卻是咖啡濃香蜜味的來源。

進入二爆的濃縮咖啡，常帶有一股撲鼻的酒氣，主要來自硫醇化合物，尤其是甲硫醇（Methyl mercaptan）與糠基硫醇（Furfuryl mercaptan）。這兩種硫化物帶有焦糖、奶油、巧克力、咖啡、醇酒和烤牛肉的香味，但很容易揮發與氧化，咖啡一旦磨成粉後，即使密封完好，甲硫醇三周內銳減70%，甲硫醇的多寡是咖啡新鮮度的重要指標，咖啡愈新鮮，含量愈豐。

至於糠基硫醇更為吊詭，它的濃度，過猶不及，在0.1ppb～1ppb（註1），會有新鮮咖啡的撲鼻香，但咖啡不新鮮了，其濃度揚升到5 ppb以上，就會產生刺鼻味，這好比香水成分，需經過稀釋才迷人的道理一樣。糠基硫醇濃度揚升

註1：1ppb 濃度是十億分之一，1ppm = 1000ppb。

是咖啡走味的指標氣體之一。這兩種硫化物的感官門檻很低，只需0.02ppb至0.04ppb的微量即可感受到。

兩周後斷氣，味譜丕變

- **就壞味道增加而言：**主要指氧化、梅納反應與水解反應，致使迷人的香氣與水溶性滋味變質，衍生不好的味譜或雜味。基本上，咖啡出爐的兩周後，排氣明顯走衰，味譜也逐漸出現雜味，咖啡愈來愈無品嘗價值了。

咖啡的氧化是指一個氧分子失去兩個電子，形成新的雜味化合物，大家對此並不陌生。但一般人較疏忽是，咖啡的胺基酸與碳水化合物，也會在室溫下發生梅納反應，生成陳腐味。有趣的是，梅納反應如果是在高溫下進行，如烘焙，多半生成芳香物，但梅納反應如果在室溫下進行，往往衍生陳腐味，這就是為何真空包裝的咖啡，一樣會走味的原因。另外，陽光也會加速咖啡油脂的衰敗。

走味豆指標氣體

1970年後，咖啡化學有了重大進展，科學家發現走味咖啡有許多指標氣體可供辨識，諸如甲醇、糠基硫醇與糠基吡咯（furfurylpyrrole）的濃度，會隨著咖啡不新鮮而增加。而新鮮咖啡的甲硫醇（咖啡甜香）、丁二酮（Diacetyl，奶油香）、2甲基呋喃（2-methyfuran，焦糖香）和2-甲基丙醛（2-methylpropanal）的濃度，明顯高於走味咖啡。

不新鮮咖啡的水溶性滋味物亦有重大變化，最明顯的是清甜味消失，但雜苦味卻增強，酸味是否增強，要看烘焙度而定，不新鮮的淺焙豆，酸澀味增強，不新鮮的深焙豆則加重苦鹹味譜。而蛋白質與油脂氧化，也會出現不雅的雜味。

咖啡出爐後，釋放大量二氧化碳，但兩周後，熟豆排氣量明顯減少，沖泡時會發覺咖啡粉抵抗萃取的力道轉弱，也就是咖啡粉延長萃取時間的能力變差了，萃取的水流加大且加快，揮發香氣大不如前。這是因為最重要的香醛、香酯與硫醇化合物，已隨著二氧化碳散盡人間。另外，水溶性滋味物，尤其是低分子量與中分子量的香甜滋味物，也被氧化，有些甚至變質為高分子量的雜苦成分，這就是走味。

可以這麼說，咖啡出爐兩周後，香氣與滋味物相繼揮發、氧化、水解或梅納反應而變質，因此熱水接觸粉層的隆起幅度愈來愈不明顯，鮮豆的好味譜已轉變為壞味譜。換言之，泡咖啡時如果發現熱水接觸粉層，未先隆起反而下陷如殞石坑，這表示咖啡已斷氣，不新鮮了，雜味與醬味明顯，不值得喝了。

熟成與養味

雖說咖啡愈新鮮愈好，但玩家的共通經驗是，咖啡出爐後，置入單向排氣閥保鮮袋內，養味熟成幾天，半生不熟的穀物味好像消失了，味譜更趨圓潤飽滿與滑順，為何如此，原因不明。我個人經驗是，熟成對提升濃縮咖啡的味譜，會比濾泡式更為明顯，這可能與剛出爐鮮豆，排氣旺盛，妨礙萃取，不易釋出好成分有關，而濃縮咖啡對味譜的好壞，常有放大效果，這也難怪世界咖啡師錦標賽的參賽者都會先醒豆兩天至一周不等，少有人敢拿當天出爐的鮮豆赴賽，以免吃了萃取不均勻的悶虧。

不過，鮮豆的養味效果對賽風和手沖，似乎不如濃縮咖啡明顯，咖啡出爐冷卻後，立刻手沖或賽風，或許會有一些穀物生味，但卻更能喝出鮮豆的焦糖味與層次感，我常覺得咖啡的清甜味，在烘焙當天最凸出，咖啡迷人的甜味消逝最快，往往在養味過程中衰減了，因此我個人的濾泡式用豆，不需養味熟成，一出爐就泡來喝，更能鑑賞鮮豆味譜從出爐日至第14天的變化，挺有意思。

而咖啡最好的賞味時間，還是在出爐兩周內，仍會自然「排氣」前喝完，一來可喝到不同熟成階段，不同的味譜變化，二來可避免喝到「斷氣」的腐朽味。

保鮮之道：低溫、乾燥、無氧與無光害

咖啡的化學成分極其複雜與不穩定，高溫與潮濕環境會加速芳香物的氧化與梅納反應。因此咖啡出爐後，務必以全豆保存在低溫、乾燥、無氧與無光害的環境，否則不到兩周，咖啡很容易衍生出雜味與醬味。如果是以咖啡粉保存，走味更快，幾天內風味盡失，已無品嘗價值。

每升溫 10℃，走味快兩倍

玩家常覺得夏天的咖啡豆走味速度特快，即使密封入罐也不易在高溫環境延長賞味期。化學界有個經驗法則，每升溫10℃，化學反應速度增快兩倍，這足以解釋為何夏天的咖啡豆不耐保鮮，遠比冬天更易走味。

舉例說，30℃咖啡豆走味速度會比20℃快上兩倍；30℃走味速度比10℃快上四倍；30℃走味速度比0℃快上八倍；30℃走味速度比－10℃快十六倍。因為溫度愈高，分子活動愈快速，咖啡的揮發、氧化與梅納反應也會加快。

如果按照上述經驗法則推算，室溫30℃的熟豆，儲存一天的新鮮度，大約等於－10℃冷凍16天的新鮮度，因為－10℃的化學反應速度，會比30℃緩慢十六倍。換言之，在30℃高溫環境保存熟豆14天的新鮮度，大約等於－10℃冷凍224天，也就是冷凍七個月的新鮮度。

冷凍至少可保鮮兩個月

化學界的經驗法則：「低溫可加倍減緩化學反應」，能適用熟豆保鮮嗎？

筆者曾做過冷凍保鮮實驗，發覺冷凍確實可延長賞味期，但並非永久保鮮，頂多延長賞味期兩至三個月左右，冷凍超過兩個月以上的熟豆，香消味殞明顯，萬一受潮，會有肥皂味。

冷凍保鮮期的長短，取決於烘焙方式，如果是採用大火快炒的深度烘焙，冷凍保鮮期較短，頂多一至二個月。但小火慢炒或未進入二爆的中度烘焙，冷凍保鮮期可長達二至三個月，這可能跟咖啡纖維完整度有關。不過，不要奢望咖啡出爐一周以後，再冷凍保鮮，這太晚了，咖啡香醇不可能回春。咖啡出爐冷卻後，立即冷凍，保存在－10℃以下的低溫，效果最佳。

冷凍保鮮的咖啡包裝袋，務必防潮且密不透氣，以免吸附肉類異味，未蒙其利先受其害。另外，冷凍咖啡豆取出後，不需解凍，直接研磨泡煮即可。但也有人主張冷凍豆取出，先靜置幾分鐘解凍後，再研磨沖泡，有助咖啡豆正常釋放香醇。這兩種方法，我都試過，並無明顯差異。冷凍豆如果喝不完，置入密封罐內，在室溫下保存即可，千萬不要再放進冷凍庫。解凍的咖啡豆，走味進程，跟一般咖啡豆一樣，賞味期只有兩周，甚至更短。

基本上，我並不鼓勵大家冷凍保鮮，除非買得太多，預估兩周內無法喝完，再來做冷凍保鮮，如果兩周內喝得完，密封入罐，隔離濕氣與氧氣即可。SCAA與 SCAE的咖啡專家並不認同冷凍保鮮，他們擔心從零下10℃取出的咖啡豆，再以90℃以上的高溫泡煮，溫差過劇，影響芳香物正常釋出與萃取，冷凍保鮮至今仍是爭議話題。

冷藏可保鮮 15 ～ 30 天

如果覺得冷凍保鮮太極端，不妨試試冷藏4℃～8℃的保鮮法，但最好封入幾個小罐，放進冰箱冷藏，喝完一罐再開另一罐，可減少氧氣入侵。低溫確實可減緩咖啡走味速度，稍加延長賞味期，但不要奢望冷藏可延長一個月以上的賞味期。玩家還是以室溫下，隔離濕氣、氧氣與光害的自然保鮮為優先考量，這樣最不影響正常萃取。

烘焙不當，新鮮亦枉然

買到新鮮熟豆，並不能保證咖啡一定美味，如果烘焙不當，譬如淺焙太急躁，不到六分鐘就出爐，綠原酸和胡蘆巴鹼降解不夠，會增加咖啡的酸苦澀；另外，深焙拖太久，碳化粒子堆積豆表，也會增加嗆苦味。烘焙不當，即使豆子很新鮮也枉然。有信用的咖啡烘焙師除了供應鮮豆外，更重要是，以優異的烘焙技術，協助消費者輕鬆泡出美味咖啡，這才是烘焙師的使命。只要烘焙技術佳，新鮮度夠，即使你不是沖泡老手，亦有可能談笑間泡出美味咖啡。

粗細度影響萃出率與泡煮時間

健康生豆在顯微鏡下，細胞呈緊密排列的格子狀，前驅芳香物蛋白質、脂肪、糖分等，儲藏在堅硬的細胞壁內。生豆烘焙後細胞被破壞，排列較為鬆散，但細胞壁內卻充滿熱解作用產生的二氧化碳、油脂和芳香滋味物，豆體因而膨脹，但整顆熟豆如果不加以研磨就用熱水沖泡，儲藏在細胞壁內的揮發香氣和水溶滋味物，不易釋出，很難泡出美味咖啡。

熟豆必須經過研磨輾碎，才能打開堅硬纖維質的細胞壁，讓熱水進入並萃取出千香萬味。

粗細度應與萃取時間成正比

咖啡研磨的粗細度會直接影響萃取時間長短以及萃出率高低。咖啡磨得愈細，粉層愈密實，有較多的咖啡粉粒與熱水接觸，萃取阻力加大，愈易延長萃取時間，並拉升萃出率，很容易萃取過度。

反之，咖啡磨得愈粗，粉層空隙愈大，有較少的咖啡粉粒與熱水接觸，萃取阻力轉弱，愈不易延長萃取時間，而降低萃出率，很容易萃取不足。因此，咖啡磨得愈細，會延長萃取時間並拉升萃出率；咖啡磨得愈粗，會縮短萃取時間並壓低萃出率。

在常態下，咖啡粗細度會與萃取時間與萃出率成反比。這從手沖和濃縮咖啡可得到佐證，粉粒磨得愈粗，萃取阻力愈小，咖啡流量愈大，萃取一杯的時間愈短，萃出率愈低，味道愈清淡。

反之，粉粒磨得愈細，萃取阻力愈大，流量愈小，萃取一杯的時間愈長，萃出率愈高，味道愈濃烈。

然而，咖啡老手會逆勢而為，遇到愈細的咖啡粉，會設法稍微縮短萃取時間，以免萃出率太高，泡出苦口咬喉的咖啡。相反的，遇到愈粗的咖啡粉，會設法稍加延長萃取時間，以免萃取不足，泡出淡而無味的咖啡。

換言之，要泡出美味咖啡，磨粉的粗細度應與萃取時間成正比，較有可能泡出迷人味譜。

深焙豆稍粗，淺焙豆稍細

另外，老手在決定咖啡豆研磨度前，會先看看熟豆的色澤與出油狀況，烘焙度愈淺的咖啡，纖維質愈完整堅硬，愈不易萃取，宜採稍細研磨，但也不能太細，以免凸顯尖酸味。烘焙度愈深的咖啡，纖維質受創愈深，愈易萃取，宜採稍粗研磨，深焙磨太細會苦口。因此，深焙咖啡的研磨度，一般會比淺焙豆來得粗一點。

粗細度可控制苦澀

粗細度是控制苦澀的良方，因為磨得愈細，萃出率愈高，愈易把綠原酸、奎寧酸、咖啡因和碳化物等高分子量的澀苦物萃取出來。反之，磨得太粗，萃出率愈低，愈不易萃出高分子量的澀苦物，但中分子量的甜香滋味，也可能因萃取不足，而殘留在咖啡渣內，形同浪費。因此咖啡師每日要留意粉的粗細度是否正常，太粗或太細都會造成不正常萃取而影響咖啡風味。

各式泡煮法的研磨度，由粗而細，依序為：

法式濾壓壺（粗研磨）＞電動滴濾壺（中粗）＞手沖壺、虹吸壺、台式聰明濾杯（中度）＞摩卡壺（中細）＞濃縮咖啡（細）＞土耳其咖啡（極細）。

根據歐洲精品咖啡協會的研究，法式濾壓壺的粗研磨表示每顆豆子被輾碎成100～300個微粒，每個直徑約0.7毫米。電動滴濾壺的中粗研磨，每顆豆子被磨成500～800個微粒，直徑約0.5毫米。手沖和虹吸的中度研磨，每顆豆子被磨成1,000～3,000微粒，直徑約0.35毫米。濃縮咖啡的細研磨，每顆豆子磨成3500個微粒，直徑約0.05毫米。土耳其咖啡磨成麵粉狀的超細粉末，每顆豆磨成15,000～35,000微粒。

研磨度對照表

國內手沖、虹吸、滴濾和濾壓壺，最常使用小飛鷹和小飛馬磨豆機。兩機外貌及價格差不多，但刻度稍有差異。以相同刻度而言，小飛馬會比小飛鷹細一些，也就是小飛鷹的刻度約比小飛馬低1度。以下為兩機刻度對照表：

圖表 8 — 1

各式泡煮法的美味刻度及對照表		
萃取法及研磨度	小飛鷹刻度	小飛馬刻度
濾壓壺（粗）	4 ～ 5	5 ～ 6
滴濾壺（中粗）	3.5 ～ 4	4.5 ～ 5
手沖　（中）	3 ～ 3.5	4 ～ 4.5
虹吸　（中）	3 ～ 3.5	4 ～ 4.5
聰明濾杯（中）	2.5 ～ 3.5	3.5 ～ 4.5
摩卡壺（中細）	2 ～ 3	3 ～ 4
濃縮咖啡（細）	1	1 ～ 2

註1：本表建議各式泡煮法的刻度，以最易泡出美味咖啡為考量，玩家亦可採用較極端刻度。

註2：小飛鷹1號刻度，泡煮濃縮咖啡，仍太粗，但小飛馬1～2號刻度比小飛鷹更細，可沖煮Espresso。不過，小飛鷹以中度至中粗研磨度見長，比小飛馬均勻。兩機各有千秋。

刻度更動 0.5 度，萃出率至少變動 0.5%

從實際沖泡中，很容易體會粗細度直接影響咖啡萃出率、濃淡與風味，但影響有多大？我以同支豆子，用小飛鷹＃4、＃3.5、＃3與＃2.5，四個不同的粗細刻度，以相同水溫88℃，相同粉量15克，相同沖泡時間2分10秒，各手沖四杯220毫升咖啡，並使用中華咖啡發展協會最近添購的ExtractMoJo檢測，結果如下：

—刻度＃4，萃出率18.4%，濃度1.1%（異常，水味重）
—刻度＃3.5，萃出率20.02%，濃度1.29%（正常，淡雅）
—刻度＃3，萃出率20.53%，濃度1.33%（正常，醇厚）
—刻度＃2.5，萃出率22.2%，濃度1.58%（異常，苦口咬喉）

從以上小實驗，可看出萃出率與濃度對磨豆刻度的敏感度，兩者隨著刻度調細而揚升。刻度調細0.5度，至少拉升咖啡粉的萃出率0.5%，濃度也跟著提高。這四杯中，以刻度＃3.5和刻度＃3所泡煮的咖啡，最符合「金杯準則」萃出率18%～22%，以及濃度1.15%～1.55%的規範區間，風味也最均衡美味。刻度＃3比刻度＃3.5，細了0.5度，萃出率大約高出0.5%，濃度增加0.04%，數值看來雖很小，但刻度＃3在味譜強度與黏稠度的感官差異，明顯強過刻度＃3.5。

刻度正確，犯錯容忍空間較大

有趣的是，從刻度＃3調細0.5度，也就是刻度＃2.5，萃出率卻從20.53%暴衝到萃取過度的22.2%，微調0.5度，萃出率居然跳升了1.67%，濃度也激升到1.58%，難怪喝來有點咬喉。如果調粗到刻度＃4，萃出率劇降到18.4%，接近金杯萃出率的18%下限，濃度也狂跌到1.1%，低於金杯標準。

因此，就國人最偏愛的手沖與虹吸而言，刻度＃3與＃3.5，很容易命中金杯萃出率18%～22%以及金杯濃度1.15～1.55%的中間地帶，犯錯的容忍空間較大，對新手而言，較容易泡出美味咖啡。反觀刻度＃4與＃2.5，所泡出咖啡的萃出率與濃度皆位於金杯區間的上下限邊緣，犯錯的容忍空間極小，稍有閃失很容易泡出味譜不佳的咖啡。

刻度＃4與刻度＃2.5，雖然較為極端，但有些嗜濃玩家以＃2.5來手沖，盡享更黏稠厚實的口感；亦有些淡口味玩家，以＃4來手沖，品嘗淡雅清甜的風味。刻度＃4與＃2.5不是不可以手沖，只是使用的人不多，因為需要更多的沖泡技巧來調控，比方說較細的刻度＃2.5，如以稍低水溫83℃～88℃，亦有可能泡出濃而不苦的好咖啡；較粗的＃4，如以稍高水溫91℃～93℃，亦有可能泡出符合金杯的濃度。

刻度並非一成不變

玩咖啡切忌使用一成不變的研磨刻度，要知道每支豆子的密實度與烘焙度不同，所需的刻度不會相同，極硬豆或淺焙的刻度可稍調細一點，深焙可調粗一點。如果你覺得某支豆子以刻度＃3，喝來有苦鹹澀的味譜，這就是萃取過度，可調粗到＃3.5或＃4，會明顯改善不好的味譜。

另外，磨豆機要勤於保養，定期拆下刀盤，清除裡面的油垢，刀盤是消耗品，每磨800～1000磅左右就會磨鈍，記得要換新，否則磨出來的顆粒，粗細參半，會造成萃取不均，減損咖啡好風味。

掌控 3T：水溫、時間與水流

泡煮咖啡的3T是指水溫（Temperature）、時間（Time）與水流（Turbulence）。水溫高低、浸泡時間長短以及攪拌水流的強弱，也和粗細度一樣，會影響萃出率，進而牽動咖啡濃淡。有趣的是，3T需與烘焙度成反比，才可能泡出美味咖啡。

泡煮水溫應與烘焙度成反比

各式沖泡法的萃取水溫並不一致，美式電動滴濾壺因廠牌有別，多半控制在92℃～96℃的恆溫萃取區間，濃縮咖啡機可依照各店家慣用的烘焙度，水溫設在88℃～93℃區間，基本上，愈深焙的萃取水溫朝向低溫的88℃，愈淺焙則朝高溫93℃設定。

至於手沖、賽風、法式濾壓壺和台式聰明濾杯，全為手工萃取，比較不易達成恆溫萃取，水溫較具彈性，味譜起伏大於電動咖啡機，較具挑戰性，此乃玩家迷戀手工咖啡的原因。日式手沖壺的水溫最具彈性，因烘焙度與手壺鎖溫性能而異，一般萃取溫介於82℃～94℃間。虹吸壺萃取水溫亦有高低別，高溫萃取約88℃～94℃，低溫萃取約86℃～92℃。

90℃以上，為高溫萃取，易拉升萃出率，增加醇厚度、香氣與焦苦味，因此不利深焙豆，卻比較適合硬豆與淺中焙咖啡，因為稍高萃取水溫，可將淺焙豆的尖酸提升為有變化的活潑酸，但請勿太超過，手沖與賽風的萃取溫超出94℃，會溶解出更多的高分子量酸苦物。

90℃以下，為低溫萃取，會抑制萃出率，降低香氣與焦苦味，較適合中深或深焙豆，但也不能低得太離譜，手沖的低溫萃取最好不要低於82℃，以免沖出呆板乏味的咖啡。因為低溫不利於淺焙豆，只會萃取出容易溶解的低分子量酸物，而無法萃取出足夠的中分子量甜香味與高分子的甘苦物，致使低溫沖泡的淺焙咖啡，風味不均衡，只有一味死酸，極不順口。 究竟該採高溫或低溫萃取？唯烘焙度是問，深焙豆宜採低溫萃取，淺焙豆宜採高溫萃取，也就是說，烘焙度應與泡煮水溫成反比。

因為深焙豆的纖維質受創嚴重，結構鬆散脆弱，宜溫柔點，以稍低水溫萃取，以免榨取出太多的高分子量焦苦澀成分；相反的，淺焙豆的纖維受損較輕，結構較密實，比深焙豆不易萃取，宜霸道點，用稍高水溫，以免萃取不足。如果淺焙咖啡以82℃以下水溫來泡，只會萃出低分子量的酸物，無法萃出足夠的中分子量甜味和少部份高分子量的甘苦味與香木成分，而造成淺焙咖啡產生極不均衡且無律動感的死酸味。

泡煮時間應與烘焙度成反比

在固定水量下，泡煮時間愈長（短），萃出率愈高（低），濃度愈高（低）。泡煮時間長短，應以烘焙度為主要考量。淺焙豆不易萃取，因此沖泡時間應比重焙稍長一點。反之，重焙豆較易萃出，因此沖泡時間應比淺焙稍短。換言之，烘焙度應與泡煮時間成反比。

走一趟義大利會發現南義重焙咖啡的萃取時間、水溫，以及每杯萃取的毫升量，明顯短少於北義稍淺的中焙或中深焙，即是此技巧的實踐。

攪拌水流應與烘焙度成反比

很多人忽視水流強弱也會影響咖啡萃出率，進而牽動濃度。水流是指熱水通過或衝擊咖啡顆粒的力道，攪拌水流愈強，愈可促進咖啡成分的萃出。濾泡式咖啡如果沒有水流促進萃取，咖啡顆粒糾結一起，易造成萃取不均，致使萃出率低於下限的18%，咖啡風味太薄弱。不過，水流太強或持續太久，顆粒磨擦力過大，易造成萃取過度，致使萃出率超出上限的22%，高分子量的澀苦咬喉物容易溶出。

攪拌水流的強弱，也需以烘焙度為指標，對待深焙豆，宜以溫柔水流泡煮，以免過度拉升萃出率。但泡煮淺焙豆，則可用稍強水流攪拌，以免過多精華殘留在咖啡渣，無法萃出。

電動滴濾壺（噴頭水柱大小）、手沖壺（壺嘴口徑與水柱高低）、虹吸壺（攪拌力道）、法式濾壓壺（攪拌與下壓力道）、台式聰明濾杯（攪拌力道）皆運用水流與攪拌力道，加速萃取。水流大小，過猶不及，原則上萃取淺焙的水流力道，應大於深焙豆。水流、水溫、時間與粗細度，都是咖啡師調控濃淡、味譜的利器。

泡煮比例要抓準，兼顧節約與美味

泡煮比例指咖啡粉量對萃取水量的比例，會直接影響咖啡粉的萃出率與咖啡液濃度。歐美「金杯準則」就是以粉量與水量做為「濾泡咖啡品管表」的調控利器，其複雜度與重要性，更甚於新鮮度、粗細度與3T。

如果前三項你都掌握到了，仍泡不出美味咖啡，問題應出在泡煮比例不對。

如前章所述，粉量愈多，在固定水量下，也就是粉量對水量的比值愈高，咖啡液濃度愈高，也愈易壓抑咖啡粉的萃出率，造成萃取不足，浪費咖啡，而背負暴殄天物的罵名。反過來看，在固定粉量下，水量愈多，也就是粉量對水量比值愈低，濃度愈低，也愈易拉升萃出率，造成萃取過度，會被扣上黑心咖啡罪名。

唯有符合「金杯準則」的泡煮比例，百味平衡，才能享受完美萃取的兩大優點——節約與美味。

台式泡煮比例如何與國際接軌？

國人手沖或泡賽風，習慣採用咖啡豆公克重量，對上黑咖啡液毫升量，比方說嗜濃族常以咖啡豆20克，泡出200毫升黑咖啡，粉對水的比例為1：10，簡單明瞭，亦符合實務操作的便利性。然而，台式對比法卻很難與歐美「金杯準則」接軌。

筆者的國際友人聽到國人常用1：10泡煮比例，嚇了一大跳：「台灣人真厲害，喝這麼濃，居然高於挪威金杯標準1：18.51～1：13.6的泡煮比例！」

其實，國人咖啡口味並不算濃，問題出在對比方式不同。歐美「金杯準則」不是以咖啡公克量對上剛泡好熱騰騰的黑咖啡毫升量，而是以咖啡公克量對上萃取生冷水的毫升量。筆者經過多次試算並以ExtractMoJo檢測濃度，發覺台式咖啡粉公克量對上黑咖啡毫升量的比例1：10，約等於「金杯準則」咖啡公克量對上生冷水1：12.5的濃度與萃出率（在相同研磨度、水溫與萃取時間條件下）。

而台灣的1：12的濃度，大約是「金杯準則」的1：14.5，也就是說台灣咖啡迷慣用的對比法，若要轉換成「金杯準則」，只需在咖啡豆與黑咖啡的比值，下調2.5個參數，即可應對到歐美「金杯準則」咖啡豆與生冷水泡煮比例的濃度。

咖啡豆公克量對黑咖啡毫升量的比值，明顯高於咖啡豆公克量對生冷水毫升量，難怪用慣了「金杯準則」的國際友人聽到台式比值，面露驚嚇，經過解釋，才明瞭原來是對比物的不同，造成天大誤會。

為何台式的咖啡公克量對上黑咖啡毫升量的比值，必需降2.5個參數，才等於「金杯準則」泡煮比例？

熱水比冷水輕，咖啡粉會吸水

歐美「金杯準則」泡煮比例，以咖啡粉對生水為準，有其科學根據。水1毫升的重量等於1公克，是建立在攝氏20℃左右的室溫，要知道水的密度與重量會隨著溫度上升而降低，而且水的體積會跟著溫度上升而「虛胖」。水加熱到90℃～93℃時，恰好是泡咖啡水溫，重量會比15℃～20℃相同毫升量的生水減輕4%。

國人習慣以熱騰騰黑咖啡為對比標準，雖然咖啡壺的毫升刻度標明200毫升黑咖啡，但實際上卻比室溫下200毫升的生水「虛胖」4%，重量也輕了3%～4%，此乃水加熱會膨脹所致。

更重要是，咖啡粉像海綿很會吸水，研究證實每公克咖啡粉會吸水2～3毫升，20克咖啡粉至少會吸走熱水40毫升，換言之，以20克咖啡豆泡出200毫升黑咖啡，最少需要240毫升的生冷水，其中至少有40毫升殘留在濾紙或濾網的咖啡渣上，因此台式對比法，以熱騰騰黑咖啡為標的物，最起碼少算了殘留在咖啡渣內的水量。然而「金杯準則」以生冷水為標的，就不會有此誤差。

所以，冷水加熱會膨脹，咖啡粉遇水會狂吸，這兩因素交互作用，使得泡煮比例是以咖啡粉對熱咖啡（台式），或咖啡粉對生冷水（金杯準則），出現不小差異。但這不表示台式泡煮比例無法和「金杯準則」接軌，台式比值只需下降2.5個參數，即等同「金杯準則」，兩者的濃度以ExtractMoJo檢測是相同的。

手沖與賽風套用「金杯準則」泡煮比例

基於台灣手沖與賽風的泡煮比例，會比「金杯準則」虛胖2.5個參數，筆者編製8—2對照表，使國人手沖與賽風的泡煮比例，得以和「金杯準則」接軌。有了此對照表，以後就不再發生台灣口味，濃過歐美的誤會。

對照表並不複雜，第一欄是國際四大金杯系統的簡稱，筆者不揣淺陋附上濃淡的評語。第二欄是金杯系統頒定的濃度區間。

第三欄為各金杯系統的泡煮比例，即咖啡豆公克量對生水毫升量，以SCAA為例，欲泡煮出濃度1.15%～1.35%的咖啡，豆量與生水量的比例，必須介於下限的1：21至上限的1：15.4之間，每千毫升生冷水需要的豆量介於47.6至65克之間。

再看看口味稍濃的NCA系統，濃度介於1.3%至1.55%，每千毫升生水需對上53至73.5公克豆量，也就是泡煮比例需在下限的1：18.8至上限的1：13.6之間，才能符合「金杯準則」要求。

圖表8—2

全球四大金杯系統與台灣慣用泡煮比例對照表

金杯系統	金杯濃度區間	咖啡豆：生水（1000 cc）下限比例～上限比例	（台式）咖啡豆：熱咖啡 下限比例～上限比例
SCAA（偏淡）	1.15% ～ 1.35%	1：21 ～ 1：15.4 每千毫升用豆量 47.6 克～ 65 克	1：18.5 ～ 1：12.9
VST（中道）	1.2% ～ 1.4%	1：20.2 ～ 1：14.8 每千毫升用豆量 49.5 克～ 67.5 克	1：17.7 ～ 1：12.3
SCAE（中道）	1.2% ～ 1.45%	1：20.2 ～ 1：14.5 每千毫升用豆量 49.5 克～ 69 克	1：17.7 ～ 1：12
NCA（稍濃）	1.3% ～ 1.55%	1：18.8 ～ 1：13.6 每千毫升用豆量 53 克～ 73.5 克	1：16.3 ～ 1：11.1

＊最右欄（台式）咖啡粉／熱咖啡的比例，均比所對應四大金杯系統的泡煮比例，高出2.5個參數，這是因為金杯系統是以生冷水為準，而台式是以熱咖啡為準所致。

＊台式1：10的泡煮比例，等同於「金杯準則」1：12.5，此比例太濃，連挪威（NCA）最濃比例1：13.6也莫及，雖然不是普羅大眾能接受的濃度，卻是嗜濃族的最愛。台式泡煮比例主要以賽風和手沖為主，此二萃取法慣以高濃度來彌補萃取的不足。如果電動滴濾壺以1：12.5（豆重比生水毫升）的泡煮比例，即台式的1：10（豆重比熱咖啡毫升）來沖泡，會濃到難以入口，這與美式滴濾壺的萃取效率高於手沖與賽風有關。而「金杯準則」是以美式咖啡機制定的。

第四欄為手沖與賽風慣用的咖啡豆重量對上熱咖啡毫升量的泡煮比例。這種對比法較之金杯系統的比例，「虛胖」2.5個參數，因此各金杯系統的比例只要上調2.5個參數，即等於台式的比值，或者台式比例往下調低2.5個參數，即等於金杯比值。所以SCAA的泡煮比例1：21～1：15.4的區間，等同於台式的1：18.5～1：12.9。

中西沖煮比例直通車

如果你覺得8—2圖表有點小複雜，別擔心，請參考圖表8-3摘要，我把手沖與賽風的沖煮比例，歸納為台灣重口味、適中口味和淡口味的實用比例，並對應到「金杯準則」的比例。

「金杯準則」的泡煮比例是以生冷水毫升量為準，執行起來挺麻煩，敢問有誰吃飽撐著，在手沖前，先量好所需的生水或熱水毫升量？

但有了此對照表，台灣咖啡迷就不必把麻煩當有趣，亦無需改變原先的對比方式，只要記住咖啡豆重量以及黑咖啡液毫升量，即可得到台式泡煮比例，然後再降低2.5個參數，就可對應到「金杯準則」的比例，如圖表8—2與8—3所示，輕鬆愉快與國際金杯比例接軌，你會驚覺過去的用粉量太浪費。若能按照「金杯準則」的泡煮比例，適當提高萃取效率，亦可泡出醇厚咖啡。

其實，在圖表8—3「適中口味」的泡煮比例1：12至1：13，即金杯標準的1：14.5至1：15.5，已能泡出蠻濃厚的咖啡，筆者多半使用此比例，實無必要以1：10來泡咖啡，濃度太高，雖然有利黏稠口感的表現，但味譜很容易糾結在一起，且酸味太高，反而不易喝出精品咖啡細膩的層次，卻惹來暴殄天物的罵名。

圖表 8 — 3

手沖與賽風套用金杯泡煮比例摘要
→ 重口味： 採用台式 1：10 至 1：11 泡煮比例，也就是咖啡粉 20 公克，萃取咖啡液 200 毫升～ 220 毫升止。這等同於「金杯準則」咖啡粉對上生水的泡煮比例 1：12.5 至 1：13.5，也就是 20 克咖啡粉，對上 250 毫升至 270 毫升生水。 台灣嗜濃族偏好此比例，但一般人會嫌太濃。採用此泡煮比例約占台灣咖啡族的 20%。
→ 適中口味： 採台式 1：12 至 1：13，即咖啡粉 20 公克，萃取咖啡液 240 毫升至 260 毫升止。這等同於「金杯準則」的 1：14.5 至 1：15.5，也就是 20 克咖啡粉對上 290 毫升至 310 毫升生水。 據筆者教學經驗，台灣 70% 的咖啡族濃淡區間，落在此範圍。
→ 淡口味： 採台式 1：14 至 1：16 泡煮比例，咖啡粉 20 公克，萃取咖啡液到 280 毫升至 320 毫升停止。這等同於「金杯準則」的 1：16.5 至 1：18.5，也就是 20 克粉對上 330 毫升至 370 毫升生水。口味較淡雅，約有 10% 咖啡族偏好此比例。

1：10 比例，很不正常

基本上，只要水溫、粗細度與萃取時間正常，而且泡煮比例均在圖表8—2的區間內，很容易泡煮出符合「金杯準則」萃出率18%～22%以及濃度1.15%～1.55的美味咖啡，也不致有萃取過度、萃取不足或浪費咖啡的問題。

台式1：10的比例，等同金杯準則的1：12.5，已超過四大金杯系統中最濃厚的挪威金杯1：13.6的泡煮比例，故不在8—2的圖表內，屬異常比例，由於粉量太多且濃度太高，抑制了萃出率，往往低於「金杯準則」萃出率18%的下限，很浪費咖啡粉，不值得鼓勵。其實，只需提高水溫、補足水量或稍延長萃取時間，將萃出率從18%以下，拉升到18%～22%區間內，提高萃取的效率，即可享受到正常泡煮比例，也就是較節約的咖啡粉，亦可泡出醇厚且更有層次感的好喝咖啡。唯有正確泡煮比例，才可兼顧美味與節約。

主流與非主流濃度

這四大金杯系統的濾泡咖啡濃度與沖煮比例，堪稱全球的主流區間，如果你的咖啡濃度偏好或泡煮比例，不包括在內，可能是你的口味太淡或太濃，成了非主流派了。相信台灣九成以上咖啡族的濃淡偏好以及手沖、賽風泡煮比例均在8—3圖表內。不妨先檢視一下，自己是主流或非主流派。筆者偏好濃度在1.3%～1.55%，應屬於主流派裡的NCA幫，那你呢？

咖啡液需要秤重嗎？

近年，有些吹毛求疵的咖啡迷效法歐美「第三波」業者，把咖啡杯放在磅秤上，萃取咖啡液到設定的重量才停止，有必要嗎？

大可不必，除非是濃縮咖啡，因為有綿密的泡沫Crema，不易讀出咖啡液正確的毫升量，才有必要秤重量，但執行起來很麻煩。如果你只是要瞭解濾泡式咖啡的沖煮比例，就無需為黑咖啡秤重量，使用毫升量已足夠了。因為熱咖啡泡好後，一分鐘內會蒸發、失重數十公克，這為秤重增加不少變數與疑慮。

另外，為黑咖啡秤重，會發覺泡出的咖啡明顯比毫升量來得清淡稀薄，即咖啡液相同的公克量會比毫升量更有水味。

舉個例子：手沖一杯220公克咖啡，咖啡液雖已達220毫升，但秤得的重量大約只有200～210公克左右（因各地水質而異），必須再增加大約10～20毫升的萃取量，即230～240毫升的黑咖啡重量才會達到220公克。換言之，泡一杯220公克的黑咖啡會比220毫升的黑咖啡更稀薄，這是因為熱水較輕所致，況且還要注意你的電子秤是否會因熱咖啡的高溫而失去準頭。因此，咖啡迷以毫升量為基準就夠了，實無需費神為黑咖啡秤重量，以免弄巧成拙。

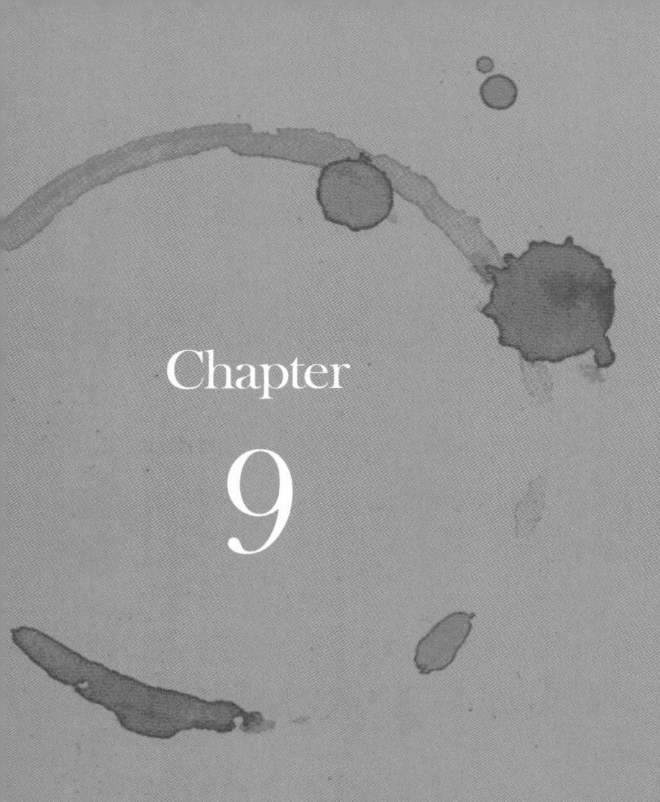

Chapter 9

如何泡出美味咖啡：手沖篇

關懷精品咖啡流行風的玩家，很容易察覺濾泡式復古風近年席捲全球，尤其是手沖迷暴增，不僅台灣如此，歐美「第三波」咖啡玩家亦沈迷在手沖與賽風的慢工細活中。《紐約時報》圖文並茂的咖啡專欄，不再高談拿鐵與拉花，改而闊論亞洲味十足的手沖、賽風和懶人專用的台式聰明濾杯（Clever Dripper）。濾泡式產地咖啡，似乎搶走拿鐵與卡布奇諾昔日光彩。

§ 後濃縮咖啡時代：手沖當道

千禧年後，被譽為精品咖啡奧林匹克運動大會的SCAA「年度最佳咖啡」杯測賽以及中南美與非洲「超凡杯」（CoE）競賽，所選出的優勝莊園豆，帶動了手沖與賽風濾泡咖啡流行風，因為珍稀國寶豆，宜細煮慢沖，不加糖不添奶，才能鑑賞出大地育成的迷人味譜，若添奶加糖，調製成大杯拿鐵或卡布奇諾，牛飲入肚，這與焚琴煮鶴何異？

2010年世界冠軍咖啡師麥可．菲利普斯（Michael Phillips）在各大展覽會場獻技的不再是老掉牙的Espresso與拉花，而是如何手沖。美國「第三波」鋒頭最健的人氣咖啡館「Stumptown Roasters」、「Blue Bottle」與「Intelligentsia Coffee」，不約而同，在濃縮咖啡機旁增設手沖吧或賽風吧，經常忙到三個人六隻手，左右開攻，一起手沖，還無法消化客人點單。

因此，精品咖啡「第二波」從1966以來，唯義式濃縮咖啡獨尊的局面，到了千禧年後，逐漸被精品咖啡「第三波」打破，以更開闊胸襟，納入日本手沖、賽風以及台灣聰明濾杯元素，大有東風西漸的異國情趣，不管你喜不喜歡，請坦然接受精品咖啡已邁入「後濃縮咖啡時代」的事實。咖啡師只會打奶泡、拉花，已不夠用，還需練就手沖與賽風技能，才跟得上時代腳步，滿足咖啡迷需求。

手沖咖啡的歷史

目前歐美「第三波」咖啡時尚的手沖器材，幾乎全由日本進口，台灣也是如此，乍看下，手沖好像是日本人發明。其實不然，手沖並非日本人發明，早在二十世紀初，德國和美國早已盛行，後來式微，又被日本人精緻化，發揚光大。

濾紙放進濾杯，倒入咖啡粉再以熱水沖泡，屬於較晚近的萃取法。1908年，德國家庭主婦梅莉塔．班茲（Melitta Bentz，1873～1950）率先申請濾紙與濾杯專利權，一直流行至今。在此之前，歐洲人多半以麻布、絨布袋或金屬孔網來篩濾咖啡渣，但缺點不少，濾布雖能濾除咖啡渣，但每次用完要清洗否則會發臭，至於沸煮壺（類似今日摩卡壺）的金屬網孔較大，不易濾掉細渣，容易喝進焦苦的殘渣。梅莉塔每日為了煮出乾淨無渣又不苦的咖啡，傷透腦筋，於是動手實驗新的濾渣法。

她試過數種過濾材質，發覺兒子家庭作業簿所用的吸墨紙最有效，起初她將吸墨紙剪成圓形，鋪在一個底部打有小孔的銅鍋上，成了處女版的「濾杯」，吸墨紙質地輕薄，濾渣功能極優，用後即丟，非常方便，更重要是泡出的咖啡乾淨甜美，苦味更低。

幾經改良後，1908年梅莉塔濾紙和陶製濾杯獲得德國專利，在歐洲大熱賣，世人總算喝到乾淨無渣的濾泡咖啡。梅莉塔成了扇形濾紙與濾杯的教母，德國梅莉塔三孔、四孔濾杯風行至今。

另外，德國化學家舒隆波姆（Peter J. Schlumbohm1896～1962）移民美國後，從實驗室的燒杯得到靈感，於1941年推出濾杯與底壺連體的濾泡壺Chemex，全採耐熱玻璃材質，所用的濾紙亦比一般濾紙厚重約20%～30%，是最大特色，風行歐美半個多世紀。可見歐美在二十世紀中期，已流行熱水手沖，濾紙過濾的萃取法。

Chemex濾泡壺的造型不失典雅，有點像沙漏，腰間還有一條細牛皮帶，繫在隔熱松木板上，方便手握，恰似中世紀婦女所穿的性感馬甲，至今仍是美國手沖美學代表作，已被紐約現代美術館與費城美術館列為典藏品。但是台灣手沖走日系風，罕見歐美濾泡壺Chemex。這也難怪碧利烘焙廠2011年5月進口一批Chemex，不到一周就被搶購一空。

有趣的是，梅莉塔或Chemex的手沖套件，原本並不包括手壺，而是粗枝大葉的以家用熱水壺澆灌濾杯，遠不如日本精心設計的細嘴手壺來得講究與優雅。不過，近年歐美引進日系細嘴手壺來沖Chemex，十足體現咖啡時尚西洋融合東洋的無國界風（Fusion style）。

美國於1960年後，又發明了電動滴濾壺，即俗稱的美式咖啡機，在濾斗內加裝濾紙去渣，逐漸取代較麻煩的手沖與焦苦味較重的摩卡壺。電動滴濾壺使用方便，效率高，味譜乾淨，至今仍是全球最普及的家用咖啡機，靈感亦來自手沖、濾紙與濾杯。

日本手沖工藝風靡全球

二次大戰後，日本師承德國梅莉塔濾杯、濾紙以及Chemex的濾沖原理，開發出日本獨有的手沖系統與套件，包括細嘴手壺、濾杯、濾紙和底壺。手壺材質包括不鏽鋼、琺瑯、合金和銅鑄。壺嘴設計很講究，有寬口、窄口、鶴嘴等名堂，五花八門，手壺成為手沖族把玩的收藏品。

濾杯材質也很炫目多元，有陶瓷、玻璃、耐熱樹脂和金屬製，濾杯的底孔除了傳統的三、四孔外，近年日本「玻璃王」搶先推出導流螺旋肋條的單孔錐形V60濾杯，及專用的甜筒狀濾紙，搶走傳統扇形濾杯風采。另外，日本Beehouse造型獨特的握嘴雙孔濾杯，亦深受美國手沖族歡迎，這兩款日本濾杯搭配玻璃王前衛造形的不鏽鋼極品手壺（Buono Kettle），幾乎成了歐美「第三波」手沖迷必備行頭。

V60濾杯在台灣很流行，但設計感十足的Beehouse濾杯與玻璃王的極品手壺，台灣並不多見，國內手沖族更偏愛古意盎然的阿拉丁神燈細嘴壺（Kalita），玩家幾乎人手一支，共譜浪漫的手沖情趣。

每杯 120 毫升～ 130 毫升

承接濾杯流下咖啡液的玻璃底壺，也很貼心標示杯數或毫升量，底壺容量以400毫升最常見，大概是3杯量。基本上，日本手沖求精不求多，1杯量有120毫升和130毫升兩種規格，換言之，兩杯與三杯量的規格分別為240毫升、360毫升以及260毫升和390毫升，均標示在底壺外緣的刻度上，但是有些廠牌採每杯120毫升規格，有的以130毫升為準，並未統一。

不過，國內酗咖啡的玩家嫌太小杯，單人份經常要泡到兩杯的刻度，即240毫升或260毫升才過癮。基本上國內店家每杯以150毫升至180毫升為主流，很少泡到200毫升以上。

底壺標示杯數記號，更體現日本人的細心，反觀美國的Chemex卻無杯數標示，更彰顯東西文化的差異。日本手壺、濾杯與底壺，製作極為精細，難怪近年歐美咖啡族也為之瘋狂。

V60 濾杯萃出率高於扇形濾杯

日式濾杯與濾紙，可分為兩大類，一為繼承梅莉塔的傳統扇形濾紙與濾杯，另一款為「玻璃王」改良的錐狀濾杯，也就是甜筒狀濾紙與濾杯。傳統扇形濾杯的底孔有1孔到4孔不等，但孔徑較小，滯流性較佳，有助延長萃取時間。

而新型的錐狀濾杯只有一孔，且孔徑很大，約五元硬幣大小，暢流性較佳，有助縮短萃取時間。用慣傳統扇形小孔徑濾杯的人，初期使用錐狀大孔徑濾杯會不習慣，因為孔徑太大，流速太快，容易泡出淡咖啡。

筆者比較傳統陶製扇形3孔濾杯，以及V60錐形單孔玻璃濾杯的沖泡品質，總覺得傳統扇形濾杯沖出的咖啡比較悶香低酸，而V60濾杯比較明亮，果酸味也較明顯。怪哉，同款豆子用相同水溫、刻度、泡煮比例與萃取時間來沖泡，卻因濾杯構造不同，而泡出不同的味譜。好奇心驅使下，我決定一查究竟，兩款濾杯以相同條件沖泡同款豆子，再以ExtractMoJo檢測其濃度並算出萃出率，用科學數據來解釋。

結果很有意思，ExtractMoJo數值顯示V60濾杯測得的濃度及萃出率，均高於傳統扇形濾杯，屢試不爽。這足以證明日本玻璃王宣稱，甜筒狀V60濾杯比傳統扇形濾杯更有助於萃取，絕非戲言。但在檢測前，原本以為傳統扇形濾杯的濃度會高於改良的錐狀濾杯，未料結果卻相反。

也許可這樣解讀，甜筒狀濾杯的咖啡液可從360度的任何角度流入底壺，暢流性優於扇形濾杯。反觀扇形濾杯只有兩個面，供咖啡液流下，暢流性稍差，致使部分咖啡精華殘留在咖啡渣內，未能萃入杯中，造成萃出率與濃度稍低。因此在相同的萃取時間下，錐狀濾杯的萃出率與濃度會稍高於扇形濾杯。

如果你偏好較明亮、酸香的咖啡，可考慮V60濾杯，如果你喜歡比較悶香且酸味低的味譜，可考慮傳統扇形濾杯。

手沖淡雅，味譜精緻

手沖咖啡是慢工出細活的典型，套件包括手壺、濾杯、濾紙和底壺，雖有點小複雜，但只要有保溫90℃以上的電熱瓶，就可手沖，不需另備瓦斯、酒精燈或插座，機動性高又非常方便。賽風壺和電動滴濾壺是在瓦斯或電力持續加熱下，進行泡煮，沒有失溫問題，但手沖是在離開電力與瓦斯的熱源下，進行2～4分鐘的萃取，從手沖一開始，水溫逐漸下滑，堪稱各種濾泡法中，最講究萃取技巧的一種。

手沖咖啡若以較高溫的90℃至94℃來沖泡，經過2～4分鐘萃取，黑咖啡溫度已降到70℃至78℃之間，若以較低溫的82℃至89℃來沖，黑咖啡溫度可能降至70℃以下，是各式濾泡法中，入口溫最低的萃取法。因此有些喝慣熱騰騰咖啡的人，不太習慣手沖溫而不燙的特色。

手沖技術好壞，影響味譜至巨，優質手沖如瓊漿玉液甜美甘醇，失敗手沖，三分像酸敗餿水，七分像苦澀即溶咖啡。手沖變數多，不是大好就是大壞，肇因於萃取水溫與沖泡時間，可自由選擇與調控。這有好有壞，壞處是變數太多，不易捏拿，易弄巧成拙。但好處是，可針對不同產地特性及烘焙度，設計不同的萃取水溫與時間，玩弄空間無限大，極富挑戰性，這也是玩家沈迷難自拔的原因。

基本上，手沖詮釋的咖啡味譜，會比虹吸式（賽風）更為細柔、明亮、滑順有層次感，甜感毫不遜色。但手沖的厚實度略遜於賽風，這應與手沖的濾紙會濾掉部份油脂有關，如以濾布來手沖，即可保留更多的油脂，厚實度近似賽風。一般而言，賽風以醇厚濃稠見長，手沖以淡雅清甜酸香著稱，各有千秋。這些年來，筆者常以手沖來詮釋SCAA「年度最佳咖啡」或「超凡杯」優勝莊園豆，喝來確實比虹吸壺更為細膩有深度。手沖要泡得好，就需注意相關參數。

學會手沖的第 1 課：磨豆機刻度參數

小飛鷹刻度實用參數

＃4（適合淡口味或降低深焙豆焦苦味）

＃3～＃3.5（濃淡適中，適合淺焙、中焙或中深焙）

＃2.5（適合重口味，但深焙豆不宜）

磨豆機刻度愈小，磨粉愈細，咖啡愈濃厚，以手沖族最常用的小飛鷹磨豆機而言，刻度＃3.5～＃3濃淡適中，最適合手沖。如果再調粗到刻度＃4，亦可用來手沖重焙豆或淺中焙咖啡豆，但萃出率太低，要有萃取不足，口感太稀薄的心理準備。

以刻度＃3手沖最安全，適合淺焙、中焙和中深焙大眾口味，但深焙豆如以＃3來手沖，有可能太濃苦。再調細半度到＃2.5，萃出率會比＃3高出0.5%～1.5%左右，振幅很大，犯錯容忍空間變小，水溫太高或萃取時太長，稍有閃失很容易沖出難喝咖啡。

但有些重口味老手，喜歡以＃2.5來手沖淺焙、中焙和中深焙咖啡，因為黏稠感與滑順感更勝於＃3，餘韻深遠，但相對的，咬喉感的風險也大增。進入二爆密集階段的深烘重焙豆最好不要以＃2.5來手沖，失敗率非常高。

烘焙度較深的咖啡，萃出率較高，宜以較粗研磨加以抑制。反之，烘焙度較淺的咖啡，萃出率較低，宜以稍細研磨，但除非你是嗜酸族，如以刻度＃2.5伺候淺焙Geisha Panama或肯亞，很容易萃出更多溶質，酸到噘嘴。如果喜歡淺中焙又怕太酸嘴，建議可調粗一點到＃3.5，即可抑制酸質的溶出。粗細度的捏拿，除了看烘焙度外，更重要是了解自己的偏好與產地豆性，很難有一個放諸四海而皆準的研磨度。

學會手沖的第 2 課：泡煮比例參數

泡煮比例實用參數

- **重 口 味**➥1：10～1：11（咖啡豆公克量比上黑咖啡毫升量）
  ➥即金杯準則的1：12.5～1：13.5（豆重比生水毫升量）
- **適中口味**➥1：12～1：13
  ➥即金杯準則的1：14.5～1：15.5
- **淡 口 味**➥1：14～1：16
  ➥即金杯準則的1：16.5～1：18.5

刻度捉對了，但泡煮比例不對，也不易沖出美味咖啡。筆者反覆試喝與濃度檢測，發現手沖最佳泡煮比例，即咖啡豆公克量比上黑咖啡毫升量，介於1：12～1：13之間，這相當於歐美四大金杯系統，咖啡豆公克量比上生水毫升量的1：14.5～1：15.5，最容易命中「金杯方矩」萃出率18%～22%以及濃度1.15%～1.55%的黃金區間，而不致泡出味譜糾結一起的濃咖啡或水味太重的稀薄咖啡。

相信大多數手沖族的泡煮比例，應落在此區間內，筆者最常用的手沖泡煮比例為1：12～1：13，即「金杯準則」的1：14.5～1：15.5。

當然也有些手沖族採用較極端的泡煮比例，比方重口味的嗜濃族常以1：10來手沖（即金杯比例的1：12.5），利用較高濃度來彌補萃取的不足，也就是只求萃取低分子量與中分子量的酸甜滋味物，避免萃出高分子量苦澀物，雖然亦可泡出醇厚的美味咖啡，但濃度太高，一般人不易接受，而且太浪費咖啡粉，不值得鼓勵，其實，以較正常的1：12（即金杯比例的1：14.5）亦可泡出很醇厚的好咖啡。

有趣的是，也有些淡口味咖啡族，喜歡以較稀釋的1：14以下的比例來手沖，但請不要輕視這些淡口味族，他們的味蕾可能更敏銳，可從較薄的咖啡液鑑賞出千香萬味的層次感。如果非得使用1：10來沖泡，才覺得夠味，那可能是味覺太遲鈍，需仰賴高濃度來刺激味覺。

泡煮比例不會隨著杯數增加而下降

手沖也有不少神話，坊間盛傳咖啡粉量每增加一人份，即可少用2公克粉量，也就是說，如果一人份以14克粉量沖一杯180毫升咖啡，一旦增加為兩人份，只需以26克粉量（節省2克粉）就能沖泡兩杯量，共360毫升咖啡。換言之，泡煮比例可從一人份的1：12.8，下降到兩人份的1：13.8。這究竟是神話還是真理？

這些省錢戲法的神話並不可信，因為咖啡豆可供萃取的水溶性成份，頂多只占豆重的30%，有些產地咖啡可能還更低。味蕾會說話，少了2克咖啡粉的泡煮比例1：13.8，喝起來明顯比1：12.8更稀薄。以手邊的ExtractMoJo來檢測，果然，1：12.8的濃度為1.42%，明顯高於1：13.8的濃度1.39%。

因此，在相同的泡煮比例下，咖啡的濃度不會隨著杯數增加而自然上升，也就是說1：12比例，手沖一杯量的濃度，與同比例手沖二杯量或三杯量的濃度，是相同的；咖啡粉的用量也不會因為杯數增加，而有減少用粉的空間，多少粉量能沖出多少咖啡，其濃度自有定數，除非你以更細的咖啡粉或更高的水溫沖泡，這另當別論。

另外，如果底壺有剩下的數十毫升黑咖啡，有些精打細算的店家為免浪費，有可能下次手沖時，會酌量少加些粉，這不無可能。總之，有信用的店家還是老實點，不需為了節省幾公克咖啡而得罪味蕾敏感的老客人。

量杯必備，捉準萃取量

值得留意的是，國人手沖習慣與日本不同，日本1杯或一人份約120毫升或130毫升，但國人覺得太小氣，一般店家會泡到150毫升～180毫升，玩家更大氣，一人份多半會沖到兩杯量的240毫升～260毫升。

換言之，國人手沖的毫升量，隨興而為，這倒無妨，喝咖啡浪漫點，並非壞事。重點是手沖前最好先以量杯檢測一下你的底壺杯數毫升量是以120毫升或130毫升為準，如果三杯量，兩者差到30毫升，足以影響濃淡值。

另外，底壺雖然好用，但底座太大，加上玻璃材質很容易失溫，冬天尤然，在15℃以下的天氣手沖2～3分鐘後，再把底壺的黑咖啡倒進杯內，咖啡溫度往往掉到68℃以下，不夠窩心。偏好較燙嘴的手沖，建議不要用底壺，直接把濾杯放在容量較小的陶杯口或量杯上，這樣手沖的失溫也會較低，但務必先了解陶杯的毫升量，才不致保住了溫度卻失去了泡煮比例。

學會手沖的第 3 課：水溫參數

水溫實用參數

- 88℃至94℃（中焙至淺焙）
- 82℃至87℃（重焙或中深焙）

基本上，手沖是在沒有電源與火源持續加溫的情況下，進行萃取，因此沖泡過程很難保持恆溫，水溫會持續下降，但這也是手沖可貴之處，只要手壺水溫的降幅在可控的4℃以內，諸多咖啡芳香物反而因分子量與極性不同，溶解難易有別，會在不同萃取水溫下，呈現多變的振幅，這可能是手沖味譜較細膩且層次感較豐富的原因。

手壺因材質與構造不同，會有不同的保溫效能，以筆者目前所用，綽號「壺王」的Kalita細口阿拉丁神燈壺，保溫最佳，可控制在萃取時間3分鐘左右，失溫4℃以內，但冬天水量必須加到六至七成滿，並加上壺蓋沖泡，手壺的水量如果少於五成滿，失溫幅度會很大，增加沖泡的變數。

手壺亦有個性美

「壺王」鎖溫佳，可能和銅鑄材質以及壺身矮胖，底寬頸窄有關，因此萃取水溫不需太高，82℃～91℃即可。反觀Tiamo 1公升不鏽鋼高身寬嘴壺，保溫效果明顯較差，3分鐘左右會失溫6℃以上，但這不表示這把壺不能泡出好咖啡，只需提高沖泡水溫到92℃～94℃，亦可沖出美味咖啡。因此，手沖水溫的高低，並無四海皆準的參數，仍需考慮手壺的鎖溫性能以及豆性而定。

保溫較差的手壺，可提高萃取水溫來因應，但鎖溫較佳手壺，不妨稍降水溫。每把手壺有不同的鎖溫性能，代表不同的萃取個性與沖泡質感，這使得手沖更具趣味性與挑戰性。

莫忘參考烘焙度

萃取水溫的高低，還要考量咖啡豆的烘焙度，如果是淺焙至中焙，也就是尚未烘進二爆階段，如以「壺王」手沖，水溫約88℃～91℃即可。如果是烘進二爆的中深焙和重焙，就需溫柔點，以82℃～87℃來泡，原則上，烘焙度愈深，水溫要低，但烘焙度愈淺，水溫要高，但請勿矯枉過正，採用超乎正常的高溫或低溫來手沖，水溫過低，萃出率低於18%，水溫太高，萃出率超出22%，均會有礙口的味譜出現。

如以淺焙至中焙而言，稍高的萃取溫，香氣較豐富，味譜較有動感，亦可抑制淺焙豆的尖酸味，水溫如果低於85℃，易萃取不足，味譜失去活力。但勿矯枉過正，以超高水溫來手沖淺中焙豆，反而容易萃取過度，產生酸苦的咬喉感。

以「壺王」而言，88℃～91℃，很適合手沖淺中焙豆，有些豆子甚至要以90℃～92℃高溫萃取更香醇，但超出92℃以上，容易拉高萃出率至22%以上，而溶解出更多高分子量的酸苦物，產生不好的味譜與口感。有趣的是，鎖溫較差的Tiamo 1公升不鏽鋼高身寬嘴壺，冬天以94℃高溫手沖淺中焙，會比90℃以下的低溫更厚實甜美，因此，手沖採用稍高溫或稍低溫，需以合乎「金杯準則」萃出率18％～22%為規範。

冬天夏天差很大

不要忽視氣溫因素，在盛夏35℃的高溫環境手沖，水溫不妨稍降幾度，因為高溫環境不易失溫，夏天水溫太高容易萃取過度。反之，寒流來襲12℃以下的低溫，手沖最易失溫，手壺的水溫不妨升高幾度，以免失溫過劇，萃取不足，泡出一杯死酸又礙口的咖啡。手沖要好喝需考慮氣溫變因。

學會手沖的第 4 課：預浸時間參數

預浸時間實用參數

- 淺焙30秒～40秒
- 中焙20秒～30秒
- 中深焙10～15秒
- 重焙不要預浸，採不斷水手沖
- 研磨愈細，預浸時間斟酌縮短

預浸時間長短，關乎手沖成敗，這好比蓋房子要先打好地基，地基穩固，樓房成功一半。預浸是指萃取前，先以較少量的熱水，平舖咖啡粉層，讓熱水滲進咖啡堅硬纖維質的細胞壁，逼出裡面的氣體，助使水溶滋味物更易被熱水萃出，為緊接而來的沖煮，預為熱身。

預浸的水量，過猶不及，最好是小量注水，潤濕咖啡粉層即可，底壺在5～8秒左右出現幾滴咖啡液，表示粉層上下皆滋潤到了，如果沒有咖啡液滲入底壺，表示預浸的水量太少，只滋潤到上面的粉層，下半部粉層仍然乾燥，預浸不完全，容易造成上半部萃取過度，下半部萃取不足。如果注水預浸，2～3秒內出現水柱狀咖啡液流入底壺，表示預浸的水量太大，已開始萃取了，並未達到預浸效果。因此，預浸水量多寡，需要勤加練習，才可熟能生巧。

預浸時間要看烘焙度

預浸時間長短，也要看烘焙度臉色，原則上，烘焙度愈淺，纖維質愈堅硬不易萃取，預浸時間稍長點；反之，烘焙度愈深，纖維質愈鬆軟，愈易萃取，預浸時間就要短，深烘重焙豆甚至不需預浸，直接以不斷水手沖即可，以免萃出過多焦苦澀成分。

淺焙豆至少需預浸30秒，中焙豆至少要20秒，中深焙10～15秒。深烘重焙豆除外，手沖最好採用預浸法，較容易泡出醇厚甜美咖啡，但是烘焙不當，碳化微粒堆積太多，即使淺焙豆也會苦口咬喉，因此買到烘焙不當的咖啡，千萬不要預浸，直接以不斷水方式手沖，以免火上加油，更為苦口，因為預浸會拉升萃出率與濃度。另外，口味較清淡者，亦不需預浸，採不斷水手沖，較易沖出淡雅的咖啡。

學會手沖的第 5 課：萃取時間參數

萃取時間實用參數（淺中焙，小飛鷹刻度3.5#為例）

- 15克～20克粉，需時2分～2分30秒
- 21克～25克粉，需時2分30秒～3分
- 26克～30克粉，需時3分～3分40秒

手沖和賽風一樣，泡煮時間愈長，濃度愈高，但很多手沖族並無時間觀念，豪邁以大水量手沖，不到一分半，就泡好一杯咖啡，要知道速戰速決的手沖，不會有細膩的味譜，喝來薄弱無活力，百味不均衡，甚至尖酸礙口，這是萃取不足所致，很多咖啡精華仍殘留在咖啡渣內。相反的，如果粉磨太細，暢流性受阻，萃取時間拖太長，很容易萃取過度，沖出苦口咬喉的咖啡。手沖時間太短，無法萃取足夠的芳香滋味物，造成水味太重。手沖時間太長，會萃取過多的高分子量礙口物入杯，造成苦味太重。

手沖務必滿 2 分鐘

台灣店家一般是以12～15克咖啡粉，沖泡一杯150毫升～200毫升咖啡，但萃取時間務必滿2分鐘，才有可能拉升萃出率至「金杯準則」的18%～22%，以及濃度1.15%～1.55%的美味區間，但也不能拖太長，超出2分30秒就容易有萃取過度的味譜，磨粉愈細要斟酌縮短萃取時間。

手沖時間長短應以烘焙度和咖啡粉量為指標，在正常的粗細度下，手沖15克～20克咖啡，萃取時間最好從預浸開始算，也就是加上預浸時間，全部沖泡時間在2分鐘～2分30秒之間，烘焙度愈淺或粉量愈多就往2分30秒靠近，烘焙愈深或粉量愈少則往2分鐘靠攏。若低於2分鐘的下限，咖啡口感薄弱，失去活潑感，若超出2分30秒，苦味與咬喉感增加。

手沖21克～25克咖啡，預浸加上萃取時間最好在2分30秒～3分之間，烘焙度愈淺或粉量愈多，就往3分靠近，烘焙愈深或粉量愈少，則往2分30秒靠攏。

手沖26克～30克咖啡，預浸加上萃取時間最好在3分～3分40秒，烘焙度愈淺或粉量愈多，就往3分40秒，甚至4分鐘靠近，烘焙愈深或粉量愈少，則往3分鐘靠攏。

日式手沖的粉量最好不要超過30克，以免粉層太厚，萃取時間拖太長，造成手壺水溫降幅太大，增加萃取的不穩定性。手沖粉量最好不要低於15克，會比較好上手。

細嘴注水慢，粗嘴注水快

日式手沖多半是以淺中焙至中深焙為主，粉量以15克～30克最普遍，因此手沖時間多半介於2分鐘～4分鐘之間。手壺的壺嘴口徑大小，會影響注水的快慢，「壺王」Kalita阿拉丁神燈壺為窄嘴壺，水注較細，容易控制水流，很受初學者喜愛，但這不表示其他寬嘴壺就不好用，寬嘴壺只要勤加練習，掌控得宜，亦能以小水流與大水流交替手沖，更有挑戰性，手沖行家似乎更偏愛寬嘴壺，揮灑空間更大。

總之，勤練水流大小，直到收放自如，可大可小，是掌控手沖時間的必要技巧。

手沖實戰 Step by Step

瞭解手沖相關參數之後，接下來開始實務操作囉！

以 V60 濾杯為例

V60濾杯暢流性較佳，如果掌控水流技術不佳，水注太大，不到一分半就結束沖泡，萃取時間太短，反而容易造成萃取不足，很多新手埋怨V60濾杯的風味較清淡，但只要勤練水流，拖長萃取時間至兩分鐘以上，即可體驗V60的威力。

建議手沖新手先以傳統扇形濾杯練習手沖，俟水流控制得心應手，再升級到較難操控的V60濾杯，會有新的體驗。要注意的是V60濾杯的萃出率較高，沖泡20克咖啡如果超過2分30秒，豆子條件太差就很容易萃取過度，出現澀苦風味。

準備：
細嘴手壺、濾杯、濾紙、底壺和溫度計

V60濾杯手沖 Step by Step

Step.1

Step 1

・濾紙摺好後，置入濾杯。

Step 2

・先以100毫升至150毫升熱水，手沖濾紙，讓熱水流入底壺。

Step 3

・將磨好的咖啡粉，倒進濾杯，並輕拍濾杯，整平粉層。

Step 4

・倒掉底壺的溫水。

Step 5

・手沖前最好先量一下手壺裡的水溫，是否符合烘焙度所需的水溫。

Step 6

・小量注水，潤濕粉層即中斷給水，水量大小，注意過猶不及。

Step 7

・5～8秒內，底壺有小水滴流下，表示預浸成功，約預浸數10～30秒，視烘焙度而定。

Step 8

・手沖時手腕與手臂務必打直，手腕不要左右上下擺動，腕部務必和手臂連成一體。

Step 9

・在濾杯上方徐徐細注水，畫同心圓，從濾杯的內層畫向外層，再由外而內。

Step 10

・注意萃取時間以及底壺的水位。

Step.2 Step.3 Step.4
Step.5 Step.6 Step.7
Step.8 Step.9 Step.10

Chemex 濾壺手沖 Step by Step

Chemex濾壺有多種款式，每杯以150毫升為準，最小容量為3杯量，最大為10杯量。Chemex與日式手沖壺最大不同是，一體成型，即濾杯與底壺合體，無法分離。另外，Chemex專用濾紙也比日式濾紙更厚大且有質感，有圓形與四方形款式，摺法與日式濾紙不同。

1.圓形濾紙：先對摺成半圓，再對摺成兩個圓錐杯，撐開即可使用。

2.方形濾紙：撐開濾紙，開口朝上，底角朝下，形成兩個錐狀杯，擇其中一杯使用。

・準備：細嘴手壺、玻璃濾壺和專用方形濾紙

Step 1

・張開專用方型濾紙，撐開任一錐狀杯，置入玻璃濾杯。

Step 2

・以150毫升熱水沖洗濾紙，再取出濾紙，倒掉壺底的熱水。

Step 3

・潤濕的濾紙置入濾杯，倒進磨好的咖啡粉並整平。

Step 4

・再以溫度計測手壺的水溫。淺焙至中焙以88℃～91℃最佳。

Step 5

・小量注水，潤濕粉層即中斷給水，約預浸10～30秒。

Step 6

・手沖動作與日式相同，手腕與手臂務必打直，壺嘴在濾杯上方徐徐注水，畫同心圓，從裡往外，再由外向內。

Step 7

・注意萃取時間與底壺水位，是否到了1：12的標誌處。以Chemex 6杯量為例，一般以40克粉，萃取到480毫升最為常見，因為粉量太多，會花較長時間萃取，水溫降幅過大，增加變數。

Step.1 Step.2 Step.3

Step.4 Step.5 Step.6

Step.7

Memo ……

但亦可使用日式錐形濾紙，不過，沖出來的口感不如專用濾紙厚實。過去，老美以自家大水壺來沖Chemex ，今日則改用日式尖嘴壺來手沖，增添幾許優雅。

Chemex泡煮比例以1：12為圭臬（粉重比上黑咖啡毫升，即金杯準則的1：14.5），雖然壺的外緣並無杯數或毫升註記，但壺具的二分之一容量處，會有一個隆起標誌，提醒沖泡者，這裡的泡煮比例約莫是1：12，頗有參考價值。Chemex濾紙使用後，清洗乾淨至少可重覆使用三次，但切忌隔夜再使用。

手沖實戰的 5 大 POINT

簡單的了解手沖的基本做法後，也許在操作時仍對於部分細節感到疑惑，不妨再檢視每個步驟的重點提示，讓手沖美味咖啡很自然變成生活習慣。

POINT 1. 潤濕濾紙去雜味

傳統扇形濾紙有兩個縫邊，一個在側面，另一個在底面，最好以不同方向摺邊，如果側縫邊往內摺，底縫邊就往外摺。但新款V60濾杯的濾紙為甜筒狀，並無底縫邊，只需摺側縫邊即可。

濾紙摺好後，置入濾杯，此時不要放咖啡粉，先以100毫升～150毫升熱水，手沖濾紙，讓熱水流入底壺，這點很重要，一來去除殘餘的漂白劑、螢光劑和紙漿雜味，二來可預溫手壺、濾杯與底壺，但切記在正式手沖前要倒掉底壺的溫水。

很多手沖族，直接將咖啡粉倒進乾燥的濾紙，未先以熱水沖洗濾紙，就開始沖泡，這樣會將濾紙的雜質與異味隨著黑咖啡一起喝下，很不衛生。為了你的健康，切記咖啡粉務必在濾紙經過熱水「洗禮」後，再放進去。

由於手沖式咖啡的溫度較低，多半在70℃～80℃間，所以不要忘了溫壺與溫杯，如果你擔心底壺的咖啡倒進杯子，會再度失溫，亦可不用底壺，直接把濾杯靠在杯子上手沖亦可，這樣黑咖啡的溫度會比較高。但前提是要知道杯子的毫升數是多少。

濾紙的暢流性也很重要，日本Kalita和Hario濾紙都不錯，但日本三洋產業株式會社的錐形濾紙的暢水性有問題，手沖20克粉量（約240毫升咖啡），要花到3分鐘，很容易萃取過度，正常濾紙不需耗這麼久。

POINT 2. 測量水溫要確實

潤濕濾紙清除雜味後，接著將磨好的咖啡粉，倒進濾杯，並輕拍濾杯，整平粉層，記得倒掉底壺的溫水，再將濾杯放在底壺上，接著以溫度計測量手壺的水溫。

手沖是離開加熱源的萃取法，因此，手沖前務必先量一下手壺裡的水溫，是否符合烘焙度所需的水溫，原則上，淺焙與中焙以88℃～91℃的水溫沖泡，中深焙與重焙則以82℃～87℃水溫。水溫太低則要補溫，太高則要降溫。手沖請不要太吝嗇，手壺的水量最好要六至七成滿，鎖溫效果較佳。很多人手沖200毫升咖啡，手壺只裝了300毫升水量，還不到手壺的半滿，這樣手壺失溫幅度大，夏天或許不打緊，到了冬天就不易沖出醇厚又有動感的好咖啡。

手沖的溫度計以廚師用的針狀數位溫度計較佳，一支約兩、三百元，值得投資。手沖前最好先量水溫，更可體驗水溫對手沖品質的影響力。如果以90℃水溫手沖，2～3分鐘沖完後，底壺的黑咖啡溫度降到80℃以下，再倒進杯中，溫度可能不到75℃，冬天更可能掉到70℃以下，因此手沖咖啡的溫度會比賽風低10℃以上，此乃手沖的宿命。

POINT 3. 預浸咖啡助萃取

確認了萃取水溫，蓋上壺蓋，接著進行粉層的預浸。日式手沖有斷水與不斷水兩個流派。斷水是指小量注水，潤濕粉層即中斷給水，約預浸數10～30秒，再開始正式注水；不斷水是指從注水開始就不要停，直到萃取完成，也就是省略預浸手續，因此萃取時間較短。

預浸的斷水法，咖啡的萃出率與濃度明顯高於不斷水法，味譜較為厚實。除非口味非常清淡或咖啡豆烘得很深，最好還是採用有預浸的斷水法，沖出來的咖啡較為滑順、渾厚有質感。

斷水法的預浸要訣在於：「小量注水，熱水潤濕咖啡粉即停」，此時咖啡粉隆起，煞是好看，如果粉層冒大泡或出現龜裂，表示水溫太高，一般92℃以上會有此現象。烘焙得宜的淺焙和中焙豆，尚耐得住此高溫，但最好以88℃～90℃較佳。

不過，有些手壺鎖溫較差，冬天就需提高到94℃～95℃才能泡出好咖啡。預浸時間按照前面所述，依烘焙度而定，淺焙的預浸，可長達30～40秒，重焙豆就不必預浸，直接以不斷水法手沖，較能抑制重焙的焦苦味並泡出甘甜味。

POINT 4. 腕臂打直細注水

預浸後，開始正式注水萃取，請注意手沖時手腕與手臂務必打直，手腕不要左右上下擺動，腕部務必和手臂連成一體，亦步亦趨。手沖與拉花不同，拉花靠腕力，但手沖千萬不要用腕力，這會亂了穩定水流，手沖主要靠手臂的穩定力道，在濾杯上方徐徐細注水，畫同心圓，從濾杯的內層畫向外層，再由外而內，但注水接近外層時，盡量不要沖到杯壁或濾紙，以免熱水直接沿壁而下，未萃取到咖啡成分，徒增水味。

注水要來回幾次，沒有硬性規定，這與粉層厚薄有關，用粉量愈多，注水次數也會多，重點是控制水流大小，二十多公克的粉量，最好在2～3分鐘內完成萃取。

壺嘴不要離粉層太高，以免水流衝擊力太強，容易逼出高分子量的澀苦成分。初學者喜歡以細口壺來手沖，水流較容易掌控，熟能生巧後，不妨升級使用寬口壺，考驗自己的水流掌控能力，寬口壺沖出的咖啡質感，較之細嘴壺，有過之無不及，端視玩家的掌控力。

POINT 5. 注意時間與流量

手沖不要只顧著畫同心圓，還要一心多用，注意萃取時間以及底壺的水位，15～20克咖啡豆，如以刻度＃3.5來手沖，萃取時間至少要滿2分鐘；25克咖啡粉要萃取3分鐘左右，30克咖啡粉就要花上3至4分鐘。

萃取時間會隨著粉量而增加，這很正常，但咖啡粉若超出30克以上，變數就大增，這與粉層太厚與萃取時間太長，手壺水溫大降有關。日式手沖最好在15克至30克咖啡粉以內，效果最佳。超出30克粉量，萃取的變數增加。

手沖時還要注意底壺的水位，借以調整水注大小，基本上，手沖水流宜採先小後大，會較有層次感。手沖看來很簡單，但易學難精，有賴長期勤練。

附錄

阿里山大戰曼特寧

本章結尾與讀者分享一些手沖阿里山與曼特寧的有趣數據，謂之阿里山大戰曼特寧並不為過。亘上實業李高明董事長栽種的阿里山咖啡，曾榮獲2009年SCAA「年度最佳咖啡」第11名，帶動台灣咖啡參賽熱潮。2011年3月，他請我杯測自家栽種，準備赴美參賽的阿里山Tropica Galliard莊園豆。

索性以李董的競賽豆，與一支印尼亞齊特區頂級塔瓦湖曼特寧，加上另外兩支阿里山農友贈送的生豆，用相同烘焙度進行大競比，並檢測各豆手沖的萃出率與濃度。

結果四支豆子的數值都不同，因為各莊園豆因水土、海拔、養分、品種與處理法的不同，在相同萃取條件下，溶質成分與濃度不可能完全相同，如果數據相同那才有問題。杯測師也因此才能辨識出各豆的酸度、酸質、味譜、厚實度、甜味和餘韻的差別。

四支受測豆在相同泡煮條件下，三支阿里山咖啡的濃度與萃出率，均低於這支頂級曼特寧，這顯示印尼豆的厚實度確實名不虛傳。以下是相關數據。

測試豆	萃出率	濃度
·阿里山李高明（蜜處理）	18.74%	1.43%
·阿里山A農友（水洗）	17.5%	1.13%
·阿里山B農友（水洗）	17.8%	1.17%
·亞齊塔瓦湖（濕刨法）	19.18%	1.54%

從以上數據可看出亞齊塔瓦湖曼特寧與李高明豆，皆符

合「金杯準則」萃出率18%～22%以及濃度1.15%～1.55%的標準區間，但另兩支阿里山豆就低於標準。這似乎也印證台灣咖啡的厚實度向來較薄的特質，而李高明豆是受測的三支台灣豆中，數據最漂亮者。

我挖苦李董：「不是你栽植技術有多棒，全靠你鑽研的有機肥進補的吧！」

這四支豆，手沖參數皆為粉量20克，刻度＃3.5，水溫90℃，萃取260毫升咖啡，時間2分10秒，泡煮比例同為1：13（豆重比上熱咖啡毫升），換算為金杯標準為1：15.5（豆重比上生水毫升）。

雖然李高明的阿里山豆在口感上的厚實度，略遜於亞齊頂級曼特寧，這也在萃出率與濃度的數據反應出來，但是李高明豆卻在酸質與甜感的表現，優於亞齊豆。李高明豆以酸甜明亮見長，亞齊豆以黏稠悶香見稱，可謂各有擅長。如何解讀濃度與萃出率對咖啡整體味譜的影響，有待咖啡化學家未來的努力。

至於另兩支阿里山豆的厚實度明顯較薄，但採用較高的泡煮比例，也就是多加點粉量或減少咖啡萃取量，採1：10泡煮比例，味譜大為提升，厚實度與甘甜味更為迷人。我建議厚實度較差的台灣豆，不妨採用較高的泡煮比例，會有意想不到的好味譜。

我也懷疑，這兩支阿里山豆的厚實度較差，可能與水洗豆有關，而李高明豆與亞齊豆表現較佳，可能與蜜處理法和濕刨法有關。

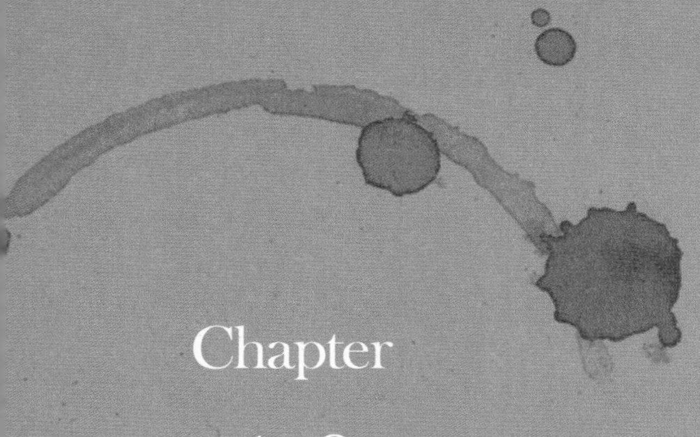

Chapter 10

賽風＆聰明濾杯篇
如何泡出美味咖啡：

2003年後，精品咖啡「第三波」躍起，帶動濾泡式黑咖啡復興運動，手沖與賽風成為歐美標榜「第三波」精品咖啡時尚必備行頭。不過，手沖與賽風，技巧好壞實在差很大，如果是懶人一族，愛喝好咖啡又不想傷神，不如使用你傻瓜它聰明的國貨——艾貝聰明濾杯（Abid Clever Dripper）一樣能享用好咖啡。

後濃縮咖啡時代：賽風復興

賽風是台灣早期咖啡館最經典泡煮法，至少流行半個世紀，但1990年後，台灣燃起義式咖啡熱潮，1998年精品咖啡「第二波」的帶頭大哥星巴克，進軍台灣，引燃拿鐵與卡布奇諾新時尚，重創老邁的賽風咖啡館，黑咖啡由盛而衰，幾乎成了老一代咖啡人的追憶。

賽風近年在日本與台灣，已不復昔日盛況，逐漸被手沖取而代之。不外乎是因為賽風壺的玻璃材質易破碎，濾布易發臭，還需另備瓦斯爐、鹵素燈或酒精燈等熱源，方便性與機動性遠不如手沖。

但賽風仍有得天獨厚的優勢，像是萃取水溫容易掌控，泡煮品質相較於手沖，更為穩定，而且味譜豐富厚實。雖然賽風的流程較為複雜，但手沖要完全取代賽風，幾乎不可能，畢竟國內還有一大批懷舊賽風迷，大夥沈醉在瑣碎細節與連篇神話裡，盡享賽風的無邊魅力。

Chapter 10

如何泡出美味咖啡：賽風&聰明濾杯篇

發源於歐洲

賽風的歷史比手沖還早七十年以上，1830～1840年間，德國柏林的洛夫（Loeff）最先發明玻璃材質、上下雙壺的賽風萃取法，後來經過法國、英國和德國後進不斷改良與多國專利，盛極一時。

1960年後，美國發明電動滴濾壺，方便又省事，逐漸淘汰歐美的手沖壺、賽風壺和摩卡壺，但日本人依舊迷戀古樸的賽風與手沖，加以發揚光大，所以今日還有不少咖啡迷，誤以為賽風和手沖是日本人發明。其實兩者皆濫觴於歐洲。

濾器大觀

賽風套件包括下壺、上壺、濾器（金屬或陶瓷）、濾布或濾紙、攪拌棒和瓦斯爐或酒精燈，比手沖套件還要複雜。賽風的濾器值得一提，傳統濾器是金屬材質，但四年前日本Kono推出弧型陶瓷濾器，引起不小話題。有人認為陶瓷濾器泡出的賽風，風味更為平順柔和，不易出現突兀的味譜，而傳統金屬濾器泡出的賽風比較有個性，振幅較大。但也有人認為兩種濾器沒啥差異，純粹是心理作用，可謂言人人殊。

兩款濾器除了材質有別外，外貌也大不同，金屬濾器很平坦，但陶瓷濾器卻是隆起的弧形，所附的濾布，如果是日本Kono原裝貨，織法很細緻，尤其背面的縫邊很工整，泡煮時比較不會冒氣泡，可減少水流干擾，可能因此而泡出較溫和的口感。但代價不小，售價是金屬濾器的好幾倍。

賽風的濾器包裹一片濾布，有人嫌每次泡完要清洗濾布太麻煩，賽風濾紙應運而生，需搭配專用的組合式濾器，濾紙用過即丟，非常方便，但泡完後偶爾還是會滲入細微咖啡渣。目前仍以傳統金屬濾器最普及，使用Kono弧型濾器以及濾紙濾器的人較少。

虹吸原理

賽風的下壺可稱為容量壺，圓球狀並標有幾杯份的水量刻度。上壺為圓柱狀，可稱為萃取壺，其基部有一根直通下壺的玻璃管，而包有濾布或濾紙的濾器，就緊鋪在上壺基部的玻璃管口，過濾咖啡渣。

下壺的水加熱後，產生水蒸氣與壓力，將下壺的熱水從玻璃管推升到上壺，開始泡煮上壺的咖啡粉。萃取好後，移開火源，此時下壺已呈半真空狀，又失去上揚推力，下壺於是又把上壺咖啡液吸下來，咖啡渣被阻擋在上壺的濾布，完成萃取。賽風壺（Siphon Pot）因此又稱為虹吸壺（Vacuum Pot）。

賽風如上山，手沖如下山

賽風的最大優點是，下壺揚升到上壺的水溫，可運用爐火操控技巧，保持在低溫的86℃～92℃或高溫的88℃～94℃的區間，前者是泡煮深焙豆，較佳的水溫區間；後者是泡煮淺中焙，較佳水溫範圍。

賽風是在熱源持續，水溫逐漸上升的環境下進行泡煮，水溫曲線徐徐向上，如爬山狀，水溫較高，咖啡粉的萃出率較高。反觀手沖是在加熱中斷，水溫逐漸下降的環境，進行萃取，水溫曲線逐漸下滑，如下山狀，水溫較低，咖啡粉萃出率容易偏低。相對而言，賽風的變因較小，此乃賽風較容易泡出醇厚濃咖啡的秘訣。

因為賽風泡煮水溫較高，咖啡的厚實度明顯高於手沖，冬季寒流來襲，感受尤深。賽風以味譜厚實著稱，但手沖以味譜細膩見長，各有千秋，端視個人的使用習慣與偏好而定，無需為兩種萃取法分出高下。

入門版賽風泡煮 Step by Step

Step.1

Step.2

準備

下壺、上壺、濾器（金屬或陶瓷）、濾布或濾紙、攪拌棒和瓦斯爐或酒精燈。

Step 1

・先將包裹濾布的濾器置入上壺鋪平。

Step 2

・玻璃管口拉出濾器垂下的彈簧珠珠扣環，扣緊管口。

Step 3

・將上壺暫插在立座上。下壺加進適量熱水或冷水。

Step 4

・乾布擦拭上下壺。

Step 5

・上壺入下壺。

Step 6

・開火加熱，等下壺的水升到上壺，觀察上壺沒有大氣泡，即可下粉。

Step 7

・開始計時40～60秒，並以竹棒迅速攪拌。

Step 8

・關火攪拌。

Step 9

・以濕布貼下壺。

Step 10

・30秒左右，咖啡液全數流入下壺。

Step 11

・左手握緊下壺手把，右手前後左右輕搖上壺，即可優雅分離上下壺。

Step.3

Step.4

Step.5

Step.6

Step.7

Step.8

Step.9

Step.10

Step.11

賽風泡煮的7大要點

簡單的了解賽風的基本流程後，也許仍對於部分細節感到疑惑，不妨再檢視每個步驟的重點提示。

POINT 1：上壺濾器扣緊玻璃管

泡煮賽風前，首先要將包裹濾布的濾器置入上壺鋪平，再從上壺的玻璃管口拉出濾器垂下的彈簧珠珠扣環，扣緊管口。很多初學者忘了此道手續，濾器會被上升的水流衝開，咖啡粉末滲入下壺，泡出一壺污濁咖啡。濾器鋪平扣緊後，將上壺暫插在立座上，接著打點下壺的水量。

POINT 2：下壺加進適量熱水或冷水

泡煮淺焙與中焙豆，可在下壺加入熱開水，以營造88℃～94℃的高溫萃取環境。泡煮重焙豆則改以生冷水，以營造86℃～92℃的低溫萃取環境。下壺加熱水或生冷水，再輔以火力調控，很容易營造截然不同的萃取環境，是賽風老師傅的私房絕技，可視豆性與烘焙度，決定熱水或生冷水。

加入適當水量前，先要瞭解日系和台製賽風的下壺水量刻度，一般有兩種規格：一為單人份120毫升，兩人份240毫升，三人份360毫升。

第二種規格為單人份130毫升，雙人份260毫升，三人份390毫升，兩種規格有10到30毫升的落差，這會影響到咖啡濃淡與萃出率。泡煮前務必先了解是那種規格，這點很重要。

萃取水量該加多少？可先按照日式賽風設計初衷的泡煮比例1：12或1：13來試泡，也就是單人份10公克粉，對上120毫升，或容量較大的130毫升水量，泡煮後，下壺約有100毫升黑咖啡。

但賽風壺以三人份最普及，以三人份的容量來泡120毫升至130毫升咖啡，水量太少，火力不易調控，台灣很少人這麼泡賽風，下壺水量一人份，一般會加到150毫升至200毫升，比較容易上手，粉量在12克～18克左右。

初學者不妨以30克粉對上360～390毫升熱水，會比較好泡，此一泡煮比例，亦為1：12或1：13。

POINT 3：乾布擦拭上下壺，上壺入下壺

下壺入水後，難免沾上水滴，務必擦乾，以免開火加熱後，下壺龜裂報銷。擦乾後，下壺安置瓦斯爐上，並將上壺直接垂直插入下壺，但也可以先斜插上壺，等下壺水溫升高，彈簧珠珠冒氣泡再扶正上壺，垂直插入下壺。

這兩種插法會影響萃取水溫，各有信眾，是個敏感話題。基本上，採用前者的直接插入法，上壺最初的泡煮水溫會稍低於後者，兩者各有利弊，一味擁護直插或斜插並不可取，直插或斜插搞定後，爭議還沒了，咖啡粉該如何下，還有得爭。

POINT 4：開火加熱，先下粉 vs. 後下粉

賽風泡煮法，千門萬派，神話傳說每天有。有些賽風玩家為了咖啡粉應該先放入上壺，再開火煮水，也就是咖啡粉是被熱水載上來；或者先開火煮水，等水升到上壺後，再倒下咖啡粉，孰是孰非，吵到面紅耳赤鬧絕交！

雙方信眾先別吵，且看數據會說話，以ExtractMoJo檢測兩種泡法，發覺先下粉或後下粉，咖啡的濃度與萃出率沒多大差異，均在誤差範圍內。況且以兩種泡法杯測，喝不出有任何驚天動地的差異。

這不難理解，賽風的濃淡與味譜好壞取決於泡煮過程的火力控制、水溫、攪拌力以及時間長短，先下粉或後下粉並非關鍵變因，充其量只是習慣與偏好不同罷了。

但謹慎起見，如果要採用先下粉的方法，上壺最好先斜臥下壺，可避免熱氣與熱水預浸到咖啡粉，增加泡煮的變數。反之，等熱水升上來再加粉，不會有預浸變數，兩者並無對錯，各有優缺點，使用你習慣的那種即可。

基於教學方便，我以上壺插入下壺，開火加熱，等下壺的水升到上壺再下粉，也就是後下粉，做為賽風的流程，因為這樣比較好計時。但不表示我反對先下粉的流程，有時為了方便也會這麼做。總之，先下粉後下粉，沒那麼嚴重，輕鬆以對，世界和平。

POINT 5：調降火力，攪拌咖啡，開始計時

下壺的水升到上壺後，可稍調降火力，並觀察上壺的濾器是否有大氣泡冒出，有的話，表示濾布縫邊不平，氣泡從細縫冒出，此時可用竹棒壓壓冒泡處，會有幫助。調整氣泡要迅速，不可拖太久，以免水溫升高過劇。上壺濾器如果持續冒大泡會有攪拌作用，增加萃出率與濃度，如果是小氣泡無妨，沒氣泡更佳，表示萃取環境穩定。

調整後，上壺沒有大氣泡，即可下咖啡粉，粉水接觸後，開始計時40～60秒，並以竹棒迅速攪拌2～5秒，也有人攪拌二十幾秒以上，基本上，攪拌時間愈長，愈易拉升萃出率，提高濃度與雜味，因此攪拌時間的長短視個人口味而定。

另外，在下粉前亦可先用竹棒在上壺劃圈，製造漩渦，

再倒粉下去，可加速咖啡粉與熱水的融合，縮短攪拌時間，並非硬性規定，依習慣而定。

有趣的是，下粉後攪拌方式與姿勢也有門派之見，包括下壓法、井字法、8字法、一柱擎天法、畫圈法與十字法……不勝枚舉。攪拌力道會影響水流強弱，牽動咖啡粉萃出率，進而影響濃度，非同小可，但也不必矯枉過正，誓死捍衛某一技法，貶損其他攪拌法。

重點不在手勢美不美，攪拌力道與持續時間才是影響萃出率主因。大可不必理會諸多華而不實的攪拌神話與美技，本書就以最普遍也最有效的畫圈法為主，世界賽風錦標賽的選手幾乎全採用畫圈攪拌法。

賽風的攪拌可分為二拌法與三拌法，前者指下粉後開始攪拌，是為一拌，萃取時間到，關火再攪拌，是為二拌，也就是頭尾各拌一次。至於三拌法是指頭尾兩拌的中間，也就是泡煮約30秒左右，再追加一次攪拌，可提高濃度，視個人需要而定。

POINT 6：關火攪拌，濕布貼下壺

時間一到，關火攪拌，再以濕布貼下壺，可加速下壺冷卻，讓上壺的咖啡液快速回流下壺，以免萃取過度，增加苦味。如果你提早關火，或磨粉較粗，就不必急著以濕布貼壺，自然降溫稍慢點流入下壺也成。

取出上壺要小心，切忌用蠻力抽出上壺，玻璃管很容易碰撞下壺而破碎。左手握緊下壺手把，右手前後左右輕搖上壺，即可優雅分離上下壺。最後搖搖下壺，讓咖啡液均勻混合，即可入杯。

POINT 7：洗清上下壺與濾布

賽風使用後，記得清洗上下壺與濾器。咖啡渣附著在上壺濾器，不易取出，不妨以左手握住上壺，右手朝壺口輕拍幾下，即可震離咖啡渣，方便倒

出。再鬆脫扣在上壺玻璃管壁的彈簧珠珠，即可取出濾器。

上下壺都要用水沖洗，濾器更要以牙刷去除濾布上的渣渣，濾器清洗乾淨後，最好放進有淨水的杯內，蓋上杯蓋，放入冰箱，這樣濾布就不會發臭。濾布是消耗品，即使每次使用後都清洗得很乾淨，也會堆積過多油垢而發生阻塞，致上壺咖啡液回流到下壺的速度變慢，此時就要換濾布了。

濾布有兩面，一為絨毛面，另一為粗布面，更換濾器時，濾器安置在絨毛的一面，即可拉起縫邊預留的細線，完全包住濾器，打個結，大工告成。但請記得換上新濾布的濾器，使用前務必先用熱水煮過，去除雜質與異味，再以過期豆試泡一杯咖啡，讓黑咖啡再清除一次濾布的異味，這杯咖啡不要喝，倒掉即可。

過濾虛幻神話，參數為準

賽風是台灣歷史最悠久的泡煮法，難免衍生許多門戶之見與似是而非的泡煮神話，這在世上絕無僅有，連日本賽風師傅看到台灣的泡煮噱頭與奇招怪式，亦嘆為觀止。

聞香派與熬煮大師

寶島台灣的賽風煮法，無奇不有，堪稱世界之最，連日本亦難望項背。一般人泡賽風會以時間為念，約40～60秒關火，但國內有些奇人異士，宣稱不需看時間，全靠粉層與香氣的變化，來決定火力大小與關火時機。但是我喝過幾位聞香派熬煮大師所泡賽風，一入口就有不舒服的咬喉與麻麻口感，顯然是萃取過度，萃出率超出22%的礙口味譜，居然可把咖啡熬成中藥。

交換意見後才得知，原來他們是以低得離譜的泡煮比例，10克粉要泡出兩百多毫升黑咖啡，因此火力特強，而且上壺還要加蓋悶煮，極盡所能榨取咖啡所有可溶成分，不時還打開蓋子聞香，架勢十足，相當唬人，可惜泡出來的咖啡，實在不敢恭維，無福消受，誰叫我不是老菸槍，無法欣賞熬煮大師的傑作。我也發覺熬煮大師多半是老一代賽風咖啡館的師傅，客層幾乎是嗜濃的老菸槍，這種熬煮法是可以理解的。

咖啡熟豆約有30%的水溶性成分，相信熬煮大師至少把25%以上的水溶物榨取出來，也就是咖啡不易溶出的高分子量苦澀成份，幾乎全被熬煮出來，難怪那麼濃苦咬喉。

精品豆怎堪暴力熬煮

熬煮大師的聞香功，非常浪漫，令人神迷，咖啡的千香萬味中，酸味、焦糖味、硫醇味、穀物味、辛香味、木質味和青草味……可用鼻子聞到。

但是有些滋味與口感不具揮發性，比方說苦味、鹹味和澀感，用鼻子是聞不到的，真不知聞香派的熬煮大師如何判定苦澀物熬出來了沒？難怪一入口，滿嘴鹹苦澀與咬喉，味蕾飽受虐待，活到老學到老，世界真奇妙。

其實味譜細膩的精品咖啡，所含的香酯與香醛怎堪如此暴力熬燉，不知憐香惜玉，肯定「破味」，喝來與低級商業豆無異。如果要在萃取不足與萃取過度的兩杯咖啡，選一杯的話，我寧可背負「浪費咖啡」罵名，選擇萃取不足的一杯，因為粉量加太多的萃取不足，總比粉量給太少的黑心咖啡來得醇厚滑順好喝。想看看10克粉要熬煮出兩百多毫升黑咖啡，錢真是好賺！

究竟該如何泡煮賽風，端視豆子的條件與烘焙度而定，基本上，條件愈佳的豆子，容忍犯錯的空間愈大，也就是愈容易泡出好咖啡。相反的，豆子條件太差，壓縮參數的空間，就愈不易泡出美味咖啡。熬煮大師的聞香功為賽風增添不少浪漫話題，但泡咖啡最好要有科學根據，以及可供複製的參數，就好比烘焙咖啡一樣，如果沒有爐溫與時間的參數，靠第六感是不容易烘出好咖啡的。

建議讀者不妨多用幾種參數來泡煮同一款豆子，切勿使用同一參數來泡各種豆子，以免咖啡被玩窄或被玩死了，多嘗試各種參數，有助體驗咖啡千面女郎般的嫵媚與善變，不同參數造就不同味譜與口感，增加泡咖啡樂趣，接下來就來認識泡煮賽風的各項參數吧。

認識賽風的刻度參數

小飛鷹刻度實用參數
＃4（適合淡雅口味與深焙豆）
＃3.5（適合一般口味或淺焙、中焙、中深焙、深焙）
＃3（口味稍重、適合淺焙、中焙，但中深焙、深焙不宜）
＃2.5（重口味，適合中焙，但淺焙與深焙不宜）
＊烘焙度愈深愈不宜細研磨，淺焙亦不宜磨太細以免尖酸

基本上，賽風咖啡所需的粗細度與手沖差不多，但賽風最終泡煮水溫，會在90℃～95℃的高溫區間，比手沖高出10℃左右，因此淡口味者的刻度，可比手沖稍粗0.5度無妨，但一般口味或重口味者就不需調粗刻度來泡賽風，按照手沖的刻度即可。

小飛鷹刻度＃4適合口味較清淡者使用，也可用來泡煮深焙豆，可抑制焦苦味。有些玩家喜歡延長泡煮時間達2分鐘以上，若以較粗的刻度來泡，會比細刻度來得順口，雜苦味較低，也就是說要延長萃取時間，最好配上粗研磨，若要縮短萃取時間，就要配合細研磨。

從刻度＃4，調細0.5度，至＃3.5是泡煮賽風最安全的粗細度，適合各種烘焙度。再細0.5度至＃3，也有很多人用，

但濃度較高，相對的苦味與酸味也較重，深焙豆最好不要用。

刻度再調細0.5度至＃2.5，採用的人不多，但仍有些玩家以較細的＃2.5來泡，但會減少10秒的萃取時間，以免苦澀太重。原則上，刻度愈細，愈不宜泡煮深焙豆與淺焙豆，以免太焦苦或太酸澀。

認識賽風的泡煮比例參數

泡煮比例實用參數

- **重口味**
  - ➥1：12～1：13（3人份以30克粉對360～390毫升萃取水量）
  - ➥此比例約可萃出300毫升黑咖啡，即國人慣稱的1：10比例。
  - ➥單人份，可採15克粉對180～200毫升水量，亦為1：12～13
  - ➥約可萃出150毫升咖啡，等同國人慣稱的1：10。
- **適中口味**
  - ➥1：14（30克粉對420毫升水量）。
  - ➥此比例約可萃出360毫升黑咖啡，即國人慣稱1：12比例。
- **淡口味**
  - ➥1比15（30克粉對450毫升水量）
  - ➥此比例約可萃出390毫升黑咖啡，即國人慣稱1：13比例。

Coffee Box

如何判斷淺焙、中焙和中深焙？

- 淺焙指一爆尚未結束，Agtron ＃ 75 ～ 66
- 中焙指一爆結束至二爆前，Agtron ＃ 55 ～ 65
- 中深焙指剛進到二爆，Agtron ＃ 50 ～ 55
- 深焙指二爆密集到二爆尾，Agtron ＃ 30 ～ 45

咖啡泡煮比例，國人習慣以咖啡豆重量比上萃取後的黑咖啡毫升量，手沖這麼做，比較方便，無可厚非，因為手沖壺是金屬製亦無刻度，不易得知萃取水量，而且手沖壺如果只加入所需的兩、三百毫升熱水量，不及手壺容量的一半，會大幅失溫，因此一般人都會加到手壺的半載水量，很難精確掌握到底用掉多少萃取水量，所以手沖的泡煮比例都是以泡完後，底壺的黑咖啡為準，此乃情非得已。但手沖只需在最後的泡煮比例，加上2.5的參數，即可和國際「金杯準則」接軌（請參考第8、9章）。

然而，賽風壺是玻璃材質，加入下壺的萃取用水，看得一清二楚，事先容易調控，因此賽風壺設計初衷的泡煮比例，是以咖啡豆重量與萃取前的生水毫升量對比，這與歐美「金杯準則」對比標的物相同。但實務上為了省時間省燃料，一般人會以熱水入下壺，稍加熱即可泡煮賽風。因此，賽風的泡煮比例會比手沖更接近「金杯準則」的泡煮比例，賽風如果以熱水為對比物，嚴格的說，需再增加4%的水量，才等於「金杯準則」採用的生冷水，因為熱水會比生冷水輕約4%。如果你習慣以生冷水來煮賽風，那就不必追加4%的水量。

如果想體驗「金杯準則」的泡煮比例，賽風是個好選擇，你會發覺賽風的泡煮比例，確實比四大金杯系統高了很多（金杯系統是以美式滴濾壺制定）。

「金杯準則」最推崇1：16至1：18泡煮比例，但賽風很少人用這麼低的比例。難怪歐美很多專家批評賽風的泡煮比例高達1：12至1：13，高於「金杯準則」的規範，有浪費咖啡之嫌，因為粉量太多，造成萃取不足，致使過多的滋味物殘餘在咖啡渣上。然而，以偏多的粉量營造偏高濃度，恰好彌補萃取的不足，不就是賽風咖啡醇厚迷人的特質。

日本賽風壺的設計初衷，考慮到每克咖啡粉會吸水2毫升～3毫升，因此單人份以10公克粉對上120毫升或130毫升萃取水量，泡煮後會有20～30毫升熱水被咖啡渣吸走，下壺約有100毫升黑咖啡；兩人份以20克粉對上240或260毫升水量，泡煮後下壺約有200毫升咖啡；三人份以30克粉對上360毫升或390毫升水量，泡煮後下壺約有300毫升咖啡。

這就是為何日式賽風壺的每人份水量刻度有120毫升增幅或130毫升增幅，兩種規格。很多賽風迷玩了大半輩咖啡，還不清楚賽風壺有兩種水量規格的故事。

請先以量杯檢測你家賽風壺是120毫升或130毫升增幅的規格。筆者使用了二十多載的玻璃王（Hario）賽風壺屬於前者，而台製的亞美賽風壺則為後者。有趣的是，日式手沖的底壺水量刻度，也是120毫升或130毫升增幅的兩種規格，顯見日式手沖底壺的水量刻度，亦沿襲賽風老哥的規格，這可能是賽風歷史較早，手沖蕭規曹隨。

比較賽風與手沖泡煮比例的差異

但請注意，賽風下壺的水量刻度與手沖底壺的水量刻度，雖然同為120毫升或130毫升增幅的規格，但意義完全不同。賽風設計初衷的下壺毫升量，是以泡煮前的冷熱水為衡量基準，而手沖底壺的毫升量則是以泡煮後流入底壺的黑咖啡為準，兩者差很大，因為每公克咖啡粉泡煮時會吸收2毫升的熱水，而手沖的泡煮比例是以咖啡粉對底壺的黑咖啡為準，因此只要還原吸附在濾紙咖啡渣裡的水量，加上底壺的黑咖啡，即等於手沖耗掉幾毫升的熱水。換言之，手沖的泡煮比例下降參數2，即等同於賽風的泡煮比例，兩者存有一個穩定的參數。譬如，手沖1：10的泡煮比例（粉重對黑咖啡毫升），約等於賽風1：12的比例（粉重對熱水毫升），而手沖1：12的泡煮比例，大約是賽風1：14的泡煮比例。

另外，賽風泡煮比例，又與「金杯準則」有一定關係，如果賽風是用咖啡粉重與生冷水毫升量為對比物，那麼兩者的泡煮比例相同，但是常人泡賽風習慣以熱水為對比物，而90℃熱水比20℃生冷水的密度與重量，短少4%，因此賽風下壺的熱水量需追加4%，即等同「金杯準則」的泡煮比例。如果你慣用生冷水泡賽風，那麼兩者的泡煮比例就完全相同。

有趣的是，手沖泡煮比例也與「金杯準則」存有穩定關係，這也和每克咖啡粉吸水2毫升～3毫升，以及熱水比生冷水輕4%有關連，簡單的說，手沖的泡煮比例，約略比「金杯準則」虛胖2.5的參數，請參考圖表10—1，即可明瞭手沖、賽風與「金杯準則」泡煮比例的微妙關係。

由圖表10-1可清楚看出手沖、賽風以及「金杯準則」的泡煮比例，存有穩定的關係，是因為每公克咖啡粉吸水2～3毫升，以及生冷水重量與密度高出熱水4%所致。有了此對照表，即可明瞭三者泡煮比例的微妙關係。

1：12或1：13是賽風壺設計之初的最高濃度泡煮比例，亦高於國際四大「金杯準則」系統的濃度上限，也就是挪威咖啡協會的1：13.6，一般人不易適應，筆者教學經驗，發覺國人較能接受的賽風泡煮比例為1：14.5～1：14之間，初學者尤然，這恰好位於挪威咖啡協會金杯泡煮比例1：18.86～1：13.6的區間內。賽風的咖啡粉重對熱水毫升的比例，如果高於1：13.5，大部份的初學者會覺得太濃了，但常喝咖啡的人或重口味者，較能接受1：12至1：13的泡煮比例，也就是賽風最高濃度的比例。

國人泡賽風，單人份不會那麼小氣只泡到100毫升，一杯黑咖啡至少要有150～200毫升，萃取水量會在180毫升～230毫升左右，咖啡粉約在12～18克之間。不管幾人份，賽風的泡煮比例可依照個人口味濃淡，來調整咖啡粉重與萃取用水毫升的比例，重口味可採用1：12～1：13比例；一般口味可用1：14比例；淡雅口味，泡煮比例可降低到1：15。不論濃淡偏好，均可在1：12至1：15的泡煮比例區間，找到歸宿。

圖表 10 — 1：手沖、賽風與金杯泡煮比例對照表

手沖泡煮比例 咖啡粉重：黑咖啡毫升	賽風泡煮比例 咖啡粉重：熱水毫升	金杯準則比例 咖啡粉重：生冷水毫升
20克：200毫升 1：10	20克：240毫升 1：12	20克：249.6毫升 1：12.48
20克：220毫升 1：11	20克：260毫升 1：13	20克：270.4毫升 1：13.52
20克：240毫升 1：12	20克：280毫升 1：14	20克：291.2毫升 1：14.56
20克：260毫升 1：13	20克：300毫升 1：15	20克：312毫升 1：15.6
30克：300毫升 1：10	30克：360毫升 1：12	30克：374.4毫升 1：12.48
30克：330毫升 1：11	30克：390毫升 1：13	30克：405.6毫升 1：13.52
30克：360毫升 1：12	30克：420毫升 1：14	30克：436.8毫升 1：14.56
30克：390毫升 1：13	30克：450毫升 1：15	30克：468毫升 1：15.6

＊每公克咖啡粉吸收2～3毫升水量，如以2毫升為準，只需還原吸附在濾紙內的水量（2毫升×粉重），加上底壺的黑咖啡即等於手沖實際耗用的熱水量，約等於賽風的泡煮比例。因此，咖啡粉對黑咖啡的手沖泡煮比例，會比咖啡粉對熱水的賽風泡煮比例，高出參數2。

＊90℃以上的熱水重量，會比相同容量的生冷水輕4%左右，因此，賽風的熱水量追加4%，約略等於「金杯準則」以生冷水為準的泡煮比例。

＊手沖泡煮比例約略比「金杯準則」高出2.5的參數，如果手沖泡煮比例為1：10，即可推估「金杯準則」的泡煮比例約為1：12.5。

認識賽風的攪拌次數

攪拌次數實用參數

- **二拌法**：濃度適中，味譜乾淨明亮，適合一般口味
- **三拌法**：濃度較高，味譜較厚實低沈，適合重口味
- **不停攪拌**：提高濃稠度與香氣，但雜味劇升、易咬喉，適合老菸槍

攪拌對賽風味譜的影響力，雖不如水溫、刻度和泡煮時間來得大，但仍不可等閒視之，長時間的攪拌會拉升萃出率與濃度，但攪拌太輕則會抑制萃出率與濃度。

簡單的說，攪拌力道愈大，持續時間愈久，愈易拉高萃出率、膠質感、香氣與雜苦味；相對的，攪拌力道愈小，持續時間愈短，甚至不攪拌，容易萃取不均勻或萃取不足，也就是抑制咖啡粉萃出率，致使過多芳香物殘留在咖啡渣內，無法萃取出來，咖啡風味太稀薄，如同軟骨症。

畫圈法最有效

台灣賽風玩家的攪拌法，奇門怪式一籮筐，連日本人也嘖嘖稱奇，其中有兩個極端值得一提。一為持續攪拌50～60秒，如同打蛋，這樣會不正常拉升萃出率至22%～25%，把高分子量的苦鹹澀和雜味成分，悉數萃取出來，雖然膠質感也出來了，卻容易麻嘴咬喉，一般人難入口。

另一種是矯枉過正，乾脆不攪拌，輕撥幾下就好，這樣會萃取不均，致使萃出率低於18%以下，口感稀薄如水，也容易產生萃取不足的尖酸味。這兩種極端，不會有好結果，執兩用中，才是王道。

台式攪拌法，花招不少，有下壓法、井字法、8字法、畫圈法、混合式，令人眼花撩亂。最簡單有效的還是畫圈法，這樣所產生的漩渦，最容易讓咖啡粉上下迅速均勻混合，日本冠軍賽風師傅就是使用畫圈法，實沒必要再搞些花拳繡腿的攪拌美技。

好豆不怕攪，爛豆最怕攪

有些人泡賽風很怕用力攪拌，唯恐攪出苦澀，這並不正確，如果因為攪拌幾下，咖啡就有雜苦味，問題出在豆子的烘焙條件太差，水溫太高或泡煮太久。

以中度烘焙而言，萃取水溫保持在88℃～93℃區間，烘焙技術不差的咖啡，均經得3～10秒的正規攪拌，如果只拌個5秒鐘，咖啡就苦澀或出現咬喉的雜味，那恐怕要怪水溫是否太高或烘焙技術太差，好豆子不要怕攪拌，爛豆才經不起攪拌考驗。

認識賽風的萃取時間參數

萃取時間實用參數

- **40～50秒**➡淺中焙口味淡雅，亦可抑制深焙豆的焦苦
- **50～60秒**➡濃淡適中，適合淺焙、中焙與中深焙
- **60秒以上**➡濃度、黏稠度、香氣與雜苦味升高，適合重口味老菸槍

賽風的泡煮時間，約在40～60秒，端視口味濃淡與烘焙度而定，烘焙度較深或口味較淡者，可煮40～50秒；烘焙度較淺或口味較重，可煮50～60秒。日本賽風大賽規定選手需在60秒內完成泡煮，可見正派煮法亦以60秒為限但磨粉愈細，需斟酌縮短泡煮時間。。

但國內有一票重口味賽風族，喜歡煮到70～80秒，甚至熬煮五分鐘以上者亦有之，令人嘆為觀止。一般人可能無法適應熬中藥似的煮法，萃出率已超出25%，香氣雖然轉強了，但雜苦味與咬喉感也煮出來，不過，嗜濃族或老菸槍獨沽此味，真可謂人有百百款，你認為是中藥，卻有人視同甜漿玉液。

認識賽風的水溫參數

水溫實用參數

- **高溫泡煮**／下壺以熱水加熱：88℃～94℃，適合淺焙至中焙
  - a.上壺直插：泡煮水溫區間，88℃～94℃
  - b.上壺先斜插後直插：泡煮水溫區間，90℃～95℃
  - c.若以高溫泡煮深焙豆，可在上壺斟酌加點冷水以免太焦苦

＊高溫泡煮的最後萃取水溫最好不要超出94℃，可抑制雜苦味。

- **低溫泡煮**／下壺以生冷水加熱：86℃～92℃，適合中深焙至重焙
  - a.上壺直插：水溫在82℃～90℃
  - b.上壺先斜插後直插：水溫在84℃～92℃

＊低溫泡煮的最後萃取水溫最好不要超出92℃。

99%的賽風族，只測時間不量水溫，然而，愈被大家忽略的小細節，愈易暗藏魔鬼，成為影響味譜最關鍵的無影手。賽風老師傅不量水溫，卻靠著經驗值來營造適當的萃取水溫，這無可厚非，手法包括冷水或熱水入下壺，上壺先斜

插再扶正，或直接插入下壺，這四種手法確實可營造不同的萃取水溫。

冷水入下壺，營造低溫萃取環境

賽風的下壺以熱開水加熱，有助營造70%的泡煮時間在90℃以上的高溫萃取環境；若下壺以生冷水加熱，有助營造50%的泡煮時間在90℃以下的低溫萃取環境。一般店家為了節省時間與瓦斯，多半以熱開水入下壺加熱，但龜毛玩家則視烘焙度或豆性來決定用生水或熱水。

原則上，深烘重焙豆或密度較低，容易拉升萃出率的豆子，宜以低溫萃取，也就是下壺以生冷水加熱，會有較優的味譜。淺中焙、或密度較高，不易拉升萃出率的豆子，宜以高溫萃取，即下壺以熱開水加熱，味譜較迷人。

經過多次測溫結果，下壺加入生冷水，上壺插入後再加熱的萃取水溫，會比下壺以熱水加熱的萃取水溫，低約2℃～5℃。因為生冷水在密閉的下壺加熱時間較長，不斷增壓，50℃不到，就有溫水陸續揚升到上壺，因此上壺水溫升到攝氏80℃左右，下壺水幾乎全部升入上壺，所以可用攝氏80多度，較低溫泡咖啡。如果適時將火力控制在中小火，很容易咬住85℃～92℃的低溫萃取區間，泡煮深烘重焙豆，較不易出現萃取過度的焦苦味譜。

但請注意，火力如果太大，水溫會很快飆升到92℃以上，前功盡棄，但火力太小，上壺咖啡液會回流下壺，因此想以低溫泡煮深焙豆，火力掌控很重要。

熱水入下壺，營造高溫萃取環境

如果以90℃以上的熱開水入下壺，開火加熱，不消十多秒，熱水就升入上壺，最好調整火力為中小火，此種做法很容易將萃取水溫鎖在90℃至94℃，水溫明顯高於生冷水加熱，切忌使用中大火，以免水溫飆到94℃以上，容易萃取出高分子量的苦澀物。

基本上，下壺以熱水加熱，火力控制得宜，最後的萃取水溫會比下壺以冷水加熱，高出2℃～5℃。

直插營造較低水溫

直插或斜插上壺，也會影響萃取水溫。下壺開火加熱，上壺直接插入，先行密封上下壺，下壺壓力急劇上升，助使熱水提早升入上壺，因此萃取水溫會稍低一點。但是如果持續以中大火加溫，上壺水溫會很快飆至95℃，而失去直插法營造較低溫的美意，因此火力調控不得不慎。

斜插營造較高水溫

如果採用上壺先斜插下壺，露出缺口，供熱氣排出，持續加溫直到彈簧珠珠冒氣泡，也就是等水溫稍高一點，再扶正上壺，完封上下壺，此時湧進上壺的萃取水溫，會比直插法高出2℃～5℃，端視火力大小而定。

世界賽風錦標賽的選手多半採用先斜插再扶正，這不難理解，因為每名選手同一時間要泡煮好幾壺，因此上壺先下好粉，斜臥下壺，一來可避免熱氣或熱水預浸變數，二來可簡化操作手續，等到彈簧珠珠冒泡泡，再依序扶正上壺，一壺一壺輪流攪拌即可，比較不會自亂陣腳。

如果採用直插上壺手法，那麼好幾壺的水一起上來，又要下粉，會手忙腳亂，不易操作。因此，究竟該用斜插法或直插法，並無對錯問題，視個人習慣與操作需要而定。

溫度計搭配火力才是王道

不管採用直插或斜插，冷水或熱水，都只是雕蟲小技的花招，論及效率與精準度，遠不如插根溫度計，搭配火力調控來得有效與確實。有了溫度計輔助火力調控，即可歸納出一套賽風升溫曲線，大可睥睨直插或斜插、冷水或熱水……

等，事倍功半的技法，唯有科學數據的輔助，才可享受事半功倍的奇效。

進階版賽風萃取法：溫度計輔助火力調控

前面所談賽風師傅營造理想水溫的四種技法，有其一定效果，但問題是不夠精準，泡煮過程沒有溫度計提供量化數值，全靠感覺與經驗值來捉水溫，如同瞎子摸象，難窺咖啡萃取的全貌，品質起伏不定。

前幾段雖已提供相關水溫參數，但還是鼓勵賽風迷買一支針型數位溫度計或K Type測溫線，親自試泡，並記下萃取水溫與味譜間的關係，可從中歸納許多珍貴資料，為傳統又老邁的賽風，添增新意與樂趣，而老師傅在經驗值基上，若能輔以科學數據，泡煮功力肯定更紮實。

咖啡烘焙玩家，常記錄入豆溫、回溫點、每分鐘爐溫與溫差、一爆二爆爐溫與時間，以及出豆時間和最後爐溫，這些參數可編製成咖啡烘焙曲線。泡咖啡何嘗不可，有了計時器與測溫計輔助，玩家亦可編製咖啡萃取曲線。

從確定入粉的水溫開始

賽風就是個絕佳標的物，我的做法很簡單，左手調控火力大小，右手以針型數位溫度計，插入上壺，即可根據萃取水溫的高低與升幅，來調整火力，有效率將水溫控制在理想的區間。據個人經驗，水溫高低是影響賽風味譜最有效的變因，遠勝於直插、斜插、冷水、熱水、先下粉預浸、後下粉不預浸、攪拌力道……等諸多調控戲法。

有了溫度計輔助，即可訂出淺中焙或深焙豆入粉水溫，基本上，淺中焙的入粉溫會比深焙高出2℃左右。

進階版 賽風萃取法 Step by Step

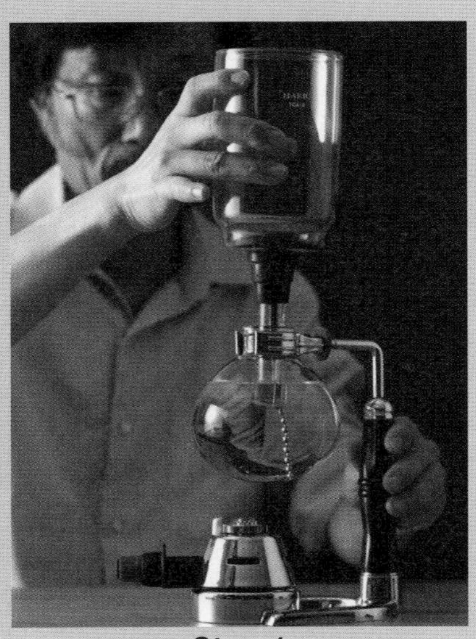

Step.1

・下壺入熱水，上壺直接插進下壺，開火加熱。

→大火或中火無妨，等水上來再調整火力。營業用賽風瓦斯爐，會比灌瓦斯的噴燈，更易調控火力。

Step.2

・上壺逐漸滲進溫水，水溫約50℃左右。

→加熱十幾秒後，上壺滲進些許溫水，溫度計測得約50℃左右，俟上壺水量持續增加，升溫到70℃，調整火力為中小火，以免火力過猛，水溫揚升過劇而失控。

Step.3

・下壺水幾乎全部湧進上壺，水溫約80℃～85℃，持續以中水火加熱。

➔上壺水溫至80℃時，要注意下壺水瞬間衝上來，1、2秒內水溫劇升好幾度，盯緊溫度計，水溫上升到88℃，是淺中焙較佳的下粉水溫。

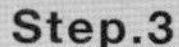

Step.4

・88℃下粉，水溫會掉4℃～10℃左右，粉量多寡、火力大小與冬夏季有別。

➔下粉後，上壺水溫會降至75℃～84℃區間，視火力與室溫而定，而回溫點也在此區間內，開始升溫。此時如果調成中大火，水溫很快就升到94℃以上，拉升萃出率超出22%上限，增加不討好的酸苦澀風味。因此維持在中小火，較容易控制萃出率在18%～22%的安全範圍內，但要提防火力太小，上壺咖啡液回流下壺的風險。

Step.5

・留意上壺的水溫升幅，至60秒的最後萃取溫控制在93℃左右最優。

➔下粉後水溫約在80℃左右回溫上升，很快升至88℃，中小火候控制得宜，上壺水溫在60秒左右升至93℃上下0.5℃區間，火力太小可能只升至91～92℃，會有萃取不足之虞。
火力大大，會衝至94℃以上，泡出苦口咬喉的咖啡。但有了溫度計輔助，多試幾回就能得心應手調出最合乎自己口味的升溫曲線。個人經驗，淺焙或中焙咖啡，最後萃取溫在93℃左右，味譜最為豐富飽滿，又帶滑順感。

選用淺中焙咖啡粉→ 88℃入粉

有了溫度計提供準確的水溫讀數，就不必理會直插、斜插、冷熱水或要不要預浸等，爭論不休的問題，逕自以最簡單的方法操作，以30克粉對上390毫升熱水，小飛鷹刻度3.5，上壺直接插入下壺，頭尾各拌一次為例。淺中焙豆等上壺水溫升至88℃，即可下粉。

選用深焙咖啡粉→ 86℃入粉

但深焙豆碳化較嚴重，纖維質較鬆脆，容易拉升萃出率，因此入粉水溫要比淺中焙豆稍低為宜，上壺水溫86℃下粉，水溫降至76℃～82℃，並在此區間回溫，火力一樣以中小火為之。

基本上，鮮少人用賽風來泡深焙豆，但採用稍低水溫，最終萃取溫不要超出92℃，可抑制焦苦味，泡出濃稠香醇的好咖啡。操作手法，可參考上述圖文。

選用淺中焙咖啡粉：水溫請控制在 88℃～ 93℃

淺中焙咖啡下粉後，持續中小火，萃取水溫在75℃～80℃回溫，再從88℃緩緩升至93℃，最好能控制60秒的萃取時間，有70%的泡煮時間鎖在此一水溫區間，最後萃取水溫最好在93℃以內，最高不要超出93.5℃，以免萃出過多的澀苦與咬喉成份。

如果最後萃取溫能控制在92.5℃～93℃，即使泡煮70～80秒，只要豆子條件夠好的話，也不會產生礙口的味譜，甚至能泡出濃稠有膠質感的醇厚咖啡。

選用深焙咖啡粉：水溫請控制在 86℃～ 92℃

深焙咖啡的下粉溫稍低，如果中小火為之，萃取溫度會從86℃緩升至92℃，最好能控制60秒的萃取時間，有70%的泡煮時間鎖在此一區間，最後萃取水溫最好在92℃以內，以免萃出焦苦味。

高溫快煮 VS. 低溫慢煮

煮賽風有點像烘豆子，也有高溫快煮與低溫慢煮兩種，相當有趣。原則上，下粉溫度愈低，火力愈小，萃取溫度愈低，愈有低溫慢煮，延長萃取時間的本錢，反之，則愈有高溫快煮，縮短萃取時間的機會。至於慢煮和快煮哪個好喝，這就難說了，要看豆子條件而定。

低溫慢煮要小心火力過小，上壺咖啡液有回流下壺之虞。淺中焙豆子，採用上述88℃下粉，中小火為之，最後萃取溫控制在93℃以內，即使延長到70秒，不致有太大問題。

倒是高溫快煮值得一試，下粉水溫要提高到94℃，下粉後調為中小火或中火，萃取溫很容易鎖在91℃～95℃區間，但切記泡煮時間要縮短10～20秒，大概煮個45秒，就要關火下壺，以免萃出率拉升到22%以上。並非各款豆子皆適合高溫快煮，有些豆子的快煮味譜不輸上述的正常萃取，有些則容易出現苦味與咬喉感。個人經驗還是以正常萃取水溫區間88℃～93℃，泡煮60秒最為穩定，最容易泡出香醇咖啡。

煮賽風的火力，是調控味譜最有效率的方法，有了數位溫度計，有助找出影響味譜的魔鬼與好神，親近真理，遠離神話。只要善加運用溫度計與火力調控這兩大利器，即可笑看諸多華而不實的玄學。

後濃縮咖啡時代：聰明濾杯盛行

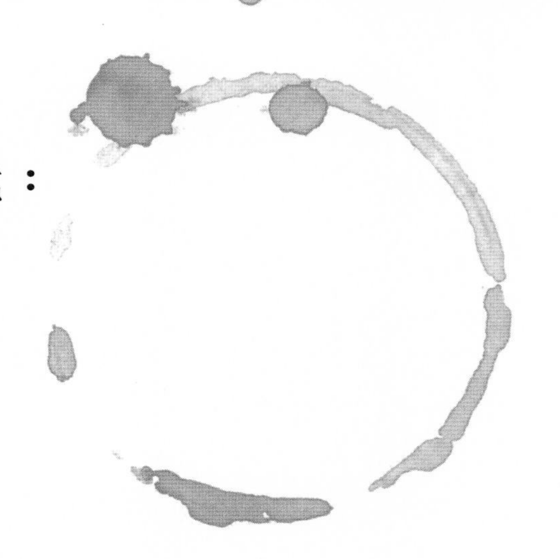

早在2006年，艾貝魔力壺已在台申請專利，沒錯，就是常在購物頻道出現的魔力茶壺，但加上一張濾紙就可用來泡咖啡。

有趣的是，聰明濾杯在國外聲名大噪，精品咖啡界爭相推薦與討論，但在國內卻乏人問津，很多人誤以為是「俗又有力」的泡茶器具，台灣怎可能發明這麼有創意的咖啡濾杯。無怪乎聰明濾杯的包裝盒印滿英文，看來像是舶來品，顯然是外國月亮比較圓的心態作祟，可喜乎，可悲乎！

不過，自從有了聰明濾杯後，我就很少再使用法式濾壓壺，因為濾杯泡出的咖啡很乾淨，收拾善後更方便，只需丟掉濾紙，再沖洗濾杯即可。然而因為聰明濾杯是離開火源以熱水浸泡咖啡，萃取效率比賽風與手沖稍低一點，因此粉量不妨多加點，也就是以較高的泡煮比例，很容易泡出醇厚甜美的好咖啡。

Step.1

聰明濾杯 輕鬆泡煮 Step by Step

聰明濾杯最大創意在杯底有個活塞，濾杯內的咖啡粉加入熱水浸泡時，重力會自動壓下活塞，使溶液無法流出，浸泡時間到了，再把濾杯靠在咖啡杯上，濾杯底下的活塞就被推開，黑咖啡立即流入杯，確實聰明好用。最適合愛喝咖啡又怕麻煩的咖啡族。

Step 1

・100毫升～200毫升熱水潤濕，並沖掉濾紙的雜質。

Step 2

・將濾杯放在杯緣上，流掉有異味的水。

Step 3

・咖啡粉倒入濾杯，加入熱水後記得要攪拌幾下，讓粉與水充分融合。

Step 4

・攪拌後最好加上蓋子有利鎖溫。

Step 5

・取下蓋子，攪拌幾下，再靠上咖啡杯，萃取完成。

Step.2

Step.3

Step.4

Step.5

操作聰明濾杯的 3 大要點

聰明濾杯雖然便捷，但仍然有一些要點需要注意，更容易善用其優勢，泡煮出美味的咖啡。

POINT 1：潤濕濾紙

聰明濾杯較大，需使用五至七人份的103號濾紙，才可鋪滿杯壁，熱水最多可加到500毫升，但要小心咖啡粉隆起溢出，濾杯最大量泡出420毫升黑咖啡不成問題，但一個人泡300毫升就夠喝了。

濾紙入濾杯後，記得先用100毫升～200毫升熱水潤濕並沖掉濾紙的雜質，跟手沖一樣，以免喝到紙味或螢光劑。然後將濾杯放在杯緣上，流掉有異味的水後，取下濾杯放在桌上。

POINT 2：浸泡攪拌

將磨好的咖啡粉倒入濾杯，粗細度約小飛鷹刻度＃2.5～＃3.5，加入熱水，水溫約88℃～92℃左右。建議咖啡粉與熱水比例在1：12～1：14.5之間，泡煮比例不要太低，以免太清淡。

加入熱水後記得要攪拌幾下，讓粉與水充分融合，就像賽風一般，以利萃取。但小心別弄破濾紙，以免泡出污濁的咖啡。

POINT 3：加蓋計時靠上杯

濾杯口徑很寬，容易失溫，攪拌後最好加上蓋子有利鎖溫，冬天尤然。至於要浸泡多久，要看烘焙度與粗細度，以刻度＃3的中度烘焙，要浸泡3分鐘，時間到，取下蓋子，攪拌幾下，再靠上咖啡杯，流完咖啡液還要花將近1分鐘，整個萃取時間接近4分鐘。

如果怕失溫太多，可磨細一點至＃2.5，可少浸泡1分鐘。如果是進入二爆的深焙，浸泡時間可斟酌減低。

聰明濾杯雖然很傻瓜，但泡煮比例與水溫捉對，品質不輸手沖與賽風，堪稱台灣之光，歐美咖啡迷為之瘋狂，並不令人意外。

美式咖啡機的省思

手沖或賽風族，向來不屑美式滴濾咖啡機，自認手工勝插電，此乃咖啡玩家慣有的偏見與傲慢，如果各位肯紆尊降貴，試試幾款有信譽的美式咖啡機，諸如Bunn、Tenchnivorn、Bravilor Bonamat等大廠牌，保證讓你惶恐不安，為何美式咖啡機以咖啡粉對生水1：16至1：20這麼低的泡煮比例（星巴克約1：18），也能泡煮出千香萬味，醇厚甜美的好咖啡。反觀手沖或賽風，若以如此低的泡煮比例，肯定稀薄如水被訐譙，非得以1：12.5～1：16.5（即台式咖啡粉對黑咖啡1：10～1：14），才能泡出夠味的咖啡，為何如此？

這與萃取效率有關，電動滴濾壺能夠很均勻萃取咖啡芳香物，手沖和賽風卻容易萃取不均，效率較差，非得以高劑量的咖啡粉，拉高濃度來彌補萃取的不均與不足。換言之，電動滴濾壺的高效率可為店家節省可觀耗豆成本，但問題是一般速食店常以劣質豆來泡，而且泡好的咖啡常久置保溫壺半小時以上，早已香消味殞，出現醬味與苦澀，難怪美式咖啡機形象不佳。

國人向來睥視美式咖啡機，但歐美卻很重視，挪威咖啡協會首開風氣之先，1971年設立歐洲咖啡泡煮研究中心（European Coffee Brewing Center，簡稱ECBC），主導電動滴濾咖啡機的品質認證工作，舉凡咖啡機的萃取水溫、時間、泡煮比例、研磨度以及咖啡粉的萃出率與黑咖啡的濃度，均有嚴格規範，所泡出的咖啡品質符合標準，咖啡機才可獲頒該協會的合格標章，以下是ECBC對美式滴濾咖啡機的認證要項：

- 粗研磨，萃取時間6～8分鐘
- 細研磨，萃取時間4～6分鐘
- 極細研磨，萃取時間1～4分鐘
- 濾紙中心的咖啡粉層水溫，至少90%的萃取時間須保持在92℃～96℃區間
- 咖啡粉萃出率介於18%～22%區間
- 黑咖啡濃度介於1.3%～1.55%（即13,000ppm～15,500ppm）

ECBC以「咖啡警察」自居，且各項研究成果深受廠商信任，挪威成為全球對滴濾式咖啡機要求最嚴格的國家，消費者很容易買到優質咖啡機，輕鬆泡出美味咖啡，從而提高咖啡消費量，至今挪威平均每人每年要喝掉9～11公斤咖啡，是世界咖啡消費量最高的國家之一，也是推廣「金杯準則」最力的國家。千禧年後，SCAA見賢思齊，引進ECBC的美式咖啡機認證制度，借此提升美式咖啡的品質。

美式咖啡機勝賽風與手沖

個人經驗，大廠牌的美式咖啡機現煮現喝，詮釋精品咖啡的味譜與地域之味，較之手沖或賽風，有過之無不及。更重要是，可享受較低的泡煮比例。不管你要泡1杯、2杯或

10杯，有認證的美式咖啡機，粉對水的比例1：16～1：18，就能泡出香醇咖啡。若是手沖或賽風以相同比例，往往只能泡出水味很重的淡咖啡。而且美式咖啡機6～8分鐘左右就能泡出1000～2000毫升，品質如一的好咖啡，如果換作賽風或手沖，一般人手忙腳亂10分鐘，恐怕還泡不出1000毫升品質如一的好咖啡。因此就咖啡的萃取率效與穩定度而言，美式咖啡機遠勝手工咖啡。

手沖與賽風PK美式咖啡機，不禁讓我想起電影中，功夫打仔與西部牛仔對決，中國武師又吼又叫，花拳繡腿比畫半天，牛仔聞風不動，一掏槍「碰碰」，不費吹灰之力解決武師。

我並非要揶揄慢工出細活的手工咖啡，自己每天也要手沖、賽風好幾回，享受怡情養性又浪漫的氛圍，只是想提醒眾玩家，今後不妨以更科學、更包容的態度來玩咖啡，把過去瞧不起的美式咖啡機，拿出來研究，會對咖啡的泡煮比例與水溫，有更深入的理解。畢竟歐美「金杯準則」就是靠美式滴濾咖啡機制定出來的。

全書總結

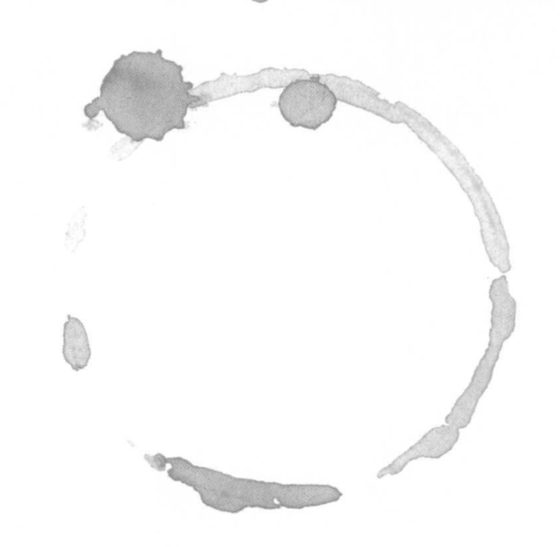

本套書旨在闡述美國「第三波」咖啡美學與影響力，並詳述產地最新資訊。讀者不難發現「第三波」元素，若隱若現，穿插各章節中，正如同全球咖啡時尚不知不覺中，接受「第三波」狂潮洗禮，逐漸改變你我喝咖啡的品味與玩咖啡的態度。

老美咖啡品味，經過三大波長達六十年進化，果真提升了嗎？高傲自恃的義大利人，又如何評論「第三波」？另外，既然精品咖啡進化論有「第一波」、「第二波」與「第三波」，那麼應該有「第四波」吧？

我在本套書劃下句點前，為讀者解答上述問題，先從是否有「第四波」談起。

濃縮咖啡大進化，醞釀第四波革命

2002年12月，挪威奧斯陸頗負盛名的摩卡咖啡烘焙坊（Mocca Coffee Roaster）女烘焙師崔許・蘿絲格（Trish Rothgeb）發表「挪威與咖啡第三波」（Norway and Coffee's Third Wave）論述時，精品咖啡「第二波」的深烘重焙與拿鐵時尚，已強弩之末，繼之而起的是，強調淺中焙、地域之

味、濾泡式黑咖啡與萃取參數的「第三波」，如滾滾洪流，席捲全球。（詳參上冊）

「第三波」咖啡美學，旨在宣揚產國細膩的地域之味，並有容乃大，納入亞洲情趣的手沖與賽風，以淺焙、中焙或中深焙，詮釋各莊園精緻味譜。可以這麼說，千禧年後，傳統濾泡式黑咖啡當道，精品咖啡進入「後濃縮咖啡時代」。Espresso人口逐年流失，轉向較為淡雅，層次分明的濾泡黑咖啡，乃不爭事實。

然而，切勿以為濃縮咖啡就此被打趴了。歐美濃縮咖啡機製造商幾經沈潛，09年首推劃時代的調壓式濃縮咖啡機，令「第三波」玩家雀躍不已，甚至預言，「第四波」精品咖啡革命正在醞釀中。

調壓濃縮咖啡機大反撲

09年春季，西雅圖濃縮咖啡機公司（Seattle Espresso Machine Corporation）老板艾瑞克．柏坎德（Erik Perkunder）推出造價一萬八千美元起跳的殺手級濃縮咖啡機Slayer，震驚業界。該機最大特色是沖煮頭皆有個壓力調節閥，可在萃取瞬間任意調控壓力，進而改變萃取時間與濃淡，這無疑打破半世紀以來，濃縮咖啡機以8～9大氣壓的固定壓力，萃取20～30秒的理論。

業界部份人士甚至宣稱Slayer扣動精品咖啡「第四波」的板機。義大利老牌La Mazocco濃縮咖啡機製造商，亦不讓Slayer專美於前，同年秋季也推出可調控壓力的新款濃縮咖啡機Strada MP，互別苗頭。雖然義大利的Strada比美國的Slayer晚了半年上市，但La Mazocco強調此舉並非跟風，早在幾年前就開始研究無段式可調壓濃縮咖啡機。這兩款劃時代濃縮咖啡機，能否帶動Espresso另一波新流行，萬眾矚目。

Slayer的研發經過，值得一提，它的前身就是知名的Synesso。話說04年，西雅圖濃縮咖啡機公司老板柏坎德與工程師丹．烏維勒（Dan Urwiler）

聯手開發出每個沖煮頭水溫可調控的濃縮咖啡機Synesso，大受「第三波」業者歡迎，既然水溫調控不成問題，07年兩人又動手設計升級版的Synesso，除了沖煮頭的水溫可調控外，還加上壓力亦可瞬間調整的新功能，也就是今日的殺手機Slayer。

其實，Slayer與Strada，這兩款可調壓濃縮咖啡機的靈感，來自義大利早期的壓桿式濃縮咖啡機原理，先以低壓預浸後，再壓下握桿，逐漸增加萃取壓力，如此萃出的咖啡更甜美圓潤，令很多玩家懷念至今。

但是，經典的壓桿式濃縮咖啡機，費力又耗時，逐漸被淘汰，商用濃縮咖啡機為了提高效率，半世紀來全改為幫浦增壓，固定在8～9大氣壓，卻無法在萃取瞬間變換壓力。令人玩味的是，就在手沖與賽風成為「第三波」新寵，濃縮咖啡退燒之際，歐美幾乎同時推出調壓式濃縮咖啡機Slayer和Strada，主打瞬間變壓的特異功能，試圖挽回濃縮咖啡江河日下的頹勢。我不禁要懷疑手沖與賽風大流行，可能是濃縮咖啡機向上提升的最大動力。

淺中焙專用濃縮咖啡機

柏坎德堅信，壓力曲線（Pressure profiling）的調整功能，讓濃縮咖啡機有了新生命，此功能可配合不同產地的味譜、處理法、海拔和烘焙度，給予不同的萃取壓力，較容易捉住單品濃縮咖啡的「蜜點」。比方說，先以1～3大氣壓預浸20秒，再加壓到9大氣壓，俟咖啡液由深色轉淡，再減壓至3大氣壓收尾，萃取30～45毫升濃縮咖啡要花上50多秒，而非過去不得超出30秒的教條，完全顛覆半世紀以來，濃縮咖啡機的萃取理論。

上述以低壓先預浸，再升壓萃取，最後降壓收尾的三段萃取模式，可增加咖啡的明亮度與酸香；若改以直接高壓萃取，最後低壓收尾的兩段式，可提高咖啡黏稠度；若以低壓（2～3大氣壓）一段式萃取到底，亦可泡出近似手沖或賽風的多層次味譜。

更厲害的是，調壓與控溫相互運用，可組合出更多萃取模式，味譜詮釋的範圍更廣，比方說，淺中焙的莊園豆如以傳統濃縮咖啡機91℃～92.5℃萃取，會很酸麻礙口，但有了可瞬間調整壓力與溫度的革命機種，即可升溫到97℃，並以較低壓2～3大氣壓預浸，將淺中焙的尖酸味，馴化為柔酸與清甜，換言之，淺焙莊園咖啡以後也可用濃縮咖啡來詮釋。難怪柏坎德要宣稱，他的Slayer打破了傳統濃縮咖啡機以九大氣壓與92.5℃萃取的限制，使得淺焙濃縮咖啡更為可口，若說Slayer是莊園豆專用濃縮咖啡機並不為過。

咖啡師可根據豆性或烘焙度，以不同的壓力和溫度模式，萃取出截然不同的味譜，是最大優勢，相對的，這也增加萃取的變數與難度，咖啡師的手藝更為重要，除了基本萃取技巧外，還需熟稔各種壓力與溫度模式對風味的影響，如同烘焙師了解烘焙曲線一樣。

福禍難斷，爭議迭起

雖然Slayer與Strada的製造商，信心滿滿，但專家試用後，評語兩極。美國知名Espresso大師，同時也是《濃縮咖啡專業技術》（Espresso Coffee: Professional Techniques，1996）一書作者大衛．舒莫（David Schomer），測試了幾小時後，為文抨擊調壓式濃縮咖啡機對改進Espresso品質毫無益處，他說：「咖啡的芳香分子極不穩定，需要有穩定的水溫，才能把香醇萃取入杯，我相信穩定的壓力也同樣很重要……但製造商的新玩意卻無助於改進品質，旨在行銷更複雜，更難操控的機器。要泡好一杯濃縮咖啡已夠複雜了，而今又多了壓力曲線。天啊，給我普通濃縮咖啡機和磨豆機就夠用了。」

然而，挪威知名咖啡大師，同時也是2004年世界咖啡師錦標賽冠軍的提姆．溫鐸柏（Tim Wendleboe）長期測試Strada後，為文寫下他如何馴服調壓式咖啡機的心路歷程：「你永遠不知下一杯是天使或魔鬼，因為多變的壓力與溫度，極為刁蠻難控，一旦捉住了諸多參數與變因，就可泡出絕世美味，你問我會不會買？我迫不及待想買一台，只要你捉對曲線，此機詮釋咖啡的潛能，令人神迷。」

「第四波」醞釀中，未成氣候

調壓與溫控的複合功能，確實增加濃縮咖啡的玩弄空間與操作難度，你有可能萃取出瓊漿玉液，也可能泡出餿水，福禍尚難論斷，畢竟Slayer和Strada目前在全美還不到二十台，仍屬於實驗性質，況且新台幣五、六十萬元的高貴身價，短時間不易普及，連「第三波」的三巨頭Intelligentsia、Stumptown和Counter Culture，至今仍不敢貿然採用。

這兩款殺手級濃縮咖啡機究竟是後繼乏力的曇花一現，或後勁十足的星火燎原，終成精品咖啡「第四波」的推手？讓時間來印證，吾等且拭目以待。

「第四波」尚在醞釀中，但濃縮咖啡發源地義大利，如何看待美國「第三波」咖啡美學？勁爆的是，高傲自恃的義大利人，居然心悅誠服，坦然接受老美後來居上的事實！

——美國創新咖啡文化，義大利自嘆不如——

就咖啡品種與栽植歷史而言，衣索匹亞、葉門與印度屬於「舊世界」，而中南美洲和印尼屬於「新世界」。然而，就咖啡時尚來看，奧地利、法國、德國、英國和義大利等歐洲諸國，向來是咖啡文化大國，喝咖啡已有三百多年歷史，舉凡賽風壺、手沖壺、摩卡壺和濃縮咖啡機等經典泡煮器材，均源自歐人的巧思與創意，歐洲是咖啡時尚與傳統的濫觴地，是咖啡文化的「舊世界」。

半世紀來，美國一直被歐人恥笑為爛咖啡的淵藪，但千禧年後，情勢丕變。SCAA主導的「年度最佳咖啡」（Coty）、咖啡品質研究學會（CQI）、烘焙者學會（Roasters Guild）、「年度熱門議題研討會」（SCAA Symposium）、杯測師（Cupping Judge）認證、精品咖啡鑑定師（Q Grader）認證…等，諸多提升咖啡品質的組織與活動相繼運作，加上「神奇萃取分析器」（ExtractMoJo），「金杯準則」，烘焙廠與產地「直接交易制」（Direct Trade）均是美國人的創意，為全球精品咖啡界注入新元素，而且「第三波」美學咖啡館成為全球咖啡迷朝聖地，美國儼然成為咖啡文化的「新世界」，其創新能力，後來居上，凌駕「舊世界」的歐洲。

黃金歲月：義大利早熟，美國晚成

義大利也注意到美國「第三波」咖啡時尚的盛況，巡迴美國指導濃縮咖啡技藝的意利咖啡（Illycafé）知名冠軍咖啡師喬吉歐．米洛斯（Giorgio Milos），2010～2011年走訪美國各州咖啡館，對美國咖啡品質大躍進，咖啡文化大提升，驚豔不已，並投書媒體，讚揚美國已進入咖啡文化的「黃金歲月」，如同義大利1940年代至1950年代，花團錦簇，鳥雀爭鳴的榮景。

眾所周知，義大利向來不屑美國低俗咖啡文化，而今，意利咖啡企業所屬咖啡學院（Universita del Caffè）名聞遐邇的咖啡大師米洛斯，破天荒撰文讚賞美國精品咖啡「第三波」新文化，意義重大深遠。

其實，義大利跟美國一樣，均曾歷經一段爛咖啡歲月。1940年以前，義大利人所喝咖啡，跟餿水沒啥兩樣，1901年義大利工程師魯伊吉．貝傑拉（Luigi Bezzera）發明雛型版濃縮咖啡機，利用大鍋爐的高壓水蒸氣與沸水，快速萃取金屬濾器裡的咖啡粉。然而，萃取水溫高達100℃，咖啡焦苦咬喉，當時，義大利依舊是有量無質的咖啡國度。

貝傑拉處女版濃縮咖啡機，雖然便捷卻無法泡出美味咖啡，但已為咖啡的萃取，注入巧思與創意，更催生新一代改良版濃縮咖啡機的問世。1935年，意利咖啡創辦人法蘭西斯科・意利（Francesco Illy）想出解決之道，也就是「壓力與沸水分離原則」，因為爐內的水蒸氣雖然提供絕佳的高壓萃取環境，但沸水溫度高達100℃，會毀了咖啡細膩的味譜，於是他在貝傑拉的濃縮咖啡機加裝一個增壓幫浦，提供高壓萃取環境，因此鍋爐水溫即可降至90℃～93℃的最佳萃取溫度，這成為現代濃縮咖啡機的主要原理。

1938年，義大利人艾契爾・佳吉亞（Achille Gaggia）發明了壓桿式濃縮咖啡機，取得專利權，此機不需借助幫浦或水蒸氣壓力，全靠手桿下壓的力道，輔助萃取，因此水溫90℃左右即可泡咖啡。1948年佳吉亞公司成立，專售壓桿式濃縮咖啡機，最大特點是萃取壓力，可隨著手臂力道，瞬間改變，增加咖啡味譜的層次與豐富度，竟然成為今日Slayer與Strada調壓式濃縮咖啡機的靈感來源。

1950年代，美國人還在喝「洗碗水咖啡」的時候，濃縮咖啡已成為義大利家喻戶曉的提神飲品，街頭巷尾隨處可見濃縮咖啡吧，改良版濃縮咖啡機百花齊放，義大利進入咖啡「黃金歲月」，躍為全球咖啡時尚的領航者。濃縮咖啡的金科玉律，諸如最佳萃取壓力為8～9大氣壓、最佳萃取水溫87.7℃～93.3℃、每杯最佳粉量7～8公克，萃取30毫升的最佳時間為20秒～30秒，均為「黃金歲月」的產物，全球奉行至今。

然而，美國卻比義大利晚了半世紀，才邁入黃金歲月。

1966年荷蘭裔的艾佛瑞・畢特（Alfred Peet）在舊金山創立店內烘焙的畢茲咖啡，倡導新鮮烘焙理念，帶領老美揚棄走味的罐裝咖啡、嗆鼻的羅巴斯塔和苦口的即溶咖啡，老美得以揮別「第一波」爛咖啡糾纏，畢特因而被譽為美國精品咖啡教父。

1974年，挪威裔的娥娜、努森（Erna Knutsen）在舊金山從事生豆進口生意，揭櫫「精品咖啡」一詞，彰顯微型氣候栽種的精品咖啡，饒富「地域之味」，以區別一般平庸商業咖啡。畢特與努森，帶領老美多喝新鮮烘焙的精品咖啡，少碰即溶咖啡與羅巴斯塔，改造老美咖啡味蕾，為精品咖啡「第二波」長達三十多年的進化，打下基石。

不過，當時老美是以電動滴濾壺和法式濾壓壺為主要泡煮器材，一直到1983年星巴克（當時只賣熟豆不賣飲料）的行銷經理霍華・蕭茲，遠赴米蘭出席食品大展，才將Espresso、Caffè Latte以及Cappuccino等義式濃縮咖啡飲料引進美國。

1992年，星巴克在納斯達克（NASDAQ）上櫃，取得資金，大肆展店，進軍國際，並將義大利的拿鐵、卡布奇諾、瑪奇朵（Caffé Macchiato）飲品，發揚光大，成為「第二波」精品咖啡時尚的代表飲料。

義大利調侃老美糟蹋風雅

星巴克崛起，帶動全球義式咖啡熱潮，但有趣的是，義大利並不領情，甚至批評星巴克不按章法調製義式咖啡，比方說，義大利用陶杯，但星巴克卻推廣紙杯；義大利正宗的瑪奇朵是在濃縮咖啡鋪上一層綿密奶泡，不加熱奶，以小杯子裝，但星巴克卻是在大杯拿鐵澆上焦糖漿，成了山寨版瑪奇朵；義大利還批評星巴克烘焙度太深…十多年來似乎聽不到歐洲對美國咖啡的半句讚美之辭。

記得1998年，我遠赴西雅圖採訪咖啡時尚，約談當地幾位知名烘焙業者，有位是義大利裔烘焙師，告訴我義大利人很不爽星巴克亂改義式咖啡調理法，這與焚琴煮鶴何異？因此發明了「焦巴克」（Charbucks）一詞，調侃Starbucks。顯然美國精品咖啡「第二波」的品質，並不見容於義大利的毒舌派。

雖然SCAA早在1983年成立，不遺餘力提升老美的咖啡品味，但美國咖啡品質直到2000年以後，才有起色。「第三波」進化，功不可沒，帶領風潮的三大龍頭咖啡館與烘焙廠：「知識份子」、「樹墩城」與「反文化」，所打造的「第三波」淺中焙美學，扭轉半世紀來，美國低俗的咖啡品味。尤其是知識份子的「黑貓」綜合豆，樹墩城的「捲髮器」綜合豆以及反文化的「46號」綜合豆，成為「第三波」經典名豆，國際粉絲團與日俱增。

意利咖啡學院的巡迴大師米洛斯，考察美國精品咖啡「第三波」時尚，感觸良深，他一針見血說：「咖啡時尚的創新動能，已從舊世界移轉到新世界，雖然歐洲仍保有經典的咖啡傳統，但欠缺美國今日的沛然創造力。」昔日不屑美國爛咖啡的義大利，終於樹起大姆指，稱讚美國咖啡品味大躍進，如同義大利1940～1950年代的「黃金歲月」一般。

義大利自限紅海，美國開創藍海

米洛斯觀察到的美國創新力，包括咖啡玩家不再自限於濃縮咖啡萃取的金科玉律，進一步追根究底，使用「神奇萃取分析器」檢測咖啡的TDS，也就是總固溶解量或稱濃度，將咖啡抽象的濃度，量化為科學數據，不論濾泡式或濃縮咖啡，均有可靠的濃度值供參考，這是義大利半世紀來無法完成的使命。美國「第三波」玩家，不再拘泥於拉花或調理技巧的小池塘，改而邁向藍海，研究產地咖啡品種、水土、氣候、海拔、後製處理、萃取與咖啡化學，如何影響咖啡味譜，並教導咖啡農杯測技巧，做為改進品質的依據。

美國的「第三波」革命，以及SCAA和CQI每年舉辦的研討會，從了解咖啡萃取，擴大到研究分析產地咖啡與生豆品質。而義大利除了意利咖啡企業在這些領域有所涉獵外，一般義大利咖啡師傅對於精品咖啡的認知與新發展，遠不如老美。

另外，米洛斯還看到美國咖啡人的巧思，為了瞭解填壓濃縮咖啡所需的三十磅力道有多大，竟然有人站在磅秤上，做填壓動作，所減輕的體重就等於填壓的力量，真是一大創意。他認為千禧年後，美國拉大格局，邁向咖啡創新的藍海，開創自己的「黃金歲月」，反觀義大利，雖然早在半世紀前，經歷「黃金歲月」，但至今仍無新的建樹，一味墨守成規，在小池塘裡玩耍，兩國咖啡文化的消長，極為明顯。

義大利咖啡面臨窄化危機

就筆者觀察，義大利咖啡文化的包容性不夠，愈走愈窄，而美國卻有容乃大，漸人佳境。美國是個種族融爐，很容易接納各國不同的沖泡法，1980年以前，老美獨沽美式滴濾壺與法式濾壓壺，1990年後，愛上義式濃縮咖啡機，2005年以後，東風西漸，「第三波」玩家改而擁抱日式賽風壺、手沖壺和台式聰明濾杯，多元沖泡法為咖啡文化注入新血，然而，義大利依舊死守Espresso國粹，開創性不足，甚至連調壓式濃縮咖啡機，也跟風美國。

另外，SCAA「年度最佳咖啡」杯測賽與中南美「超凡杯」分庭抗禮，帶動消費國與產國的連結，也激發玩家對咖啡品種與「地域之味」的熱情，而各產國年度精品豆拍賣會，更拉升藝伎、帕卡瑪拉、波旁、鐵比卡、卡杜拉、卡杜阿伊等優良品種的身價。反觀義大利似乎只對阿拉比卡與羅巴斯塔，如何混豆有興趣，對於阿拉比卡底下的多元品種與地域之味，欠缺熱情與研究，這從拍賣會買家，幾乎看不到義大利豆商，可看出端倪。

到義大利旅遊喝咖啡，Espresso Bar隨處可見，但所賣的咖啡全是阿拉比卡與羅巴斯塔混合豆，想點杯曼特寧、藍山或濾泡式咖啡，難如登天，更不要奢望喝得到「Geisha」、「Pacamara」、「Nekisse」、「Beloya」、「Ka'u」等火紅名豆，義大利咖啡師似乎聽不懂這些品種與產地咖啡，說他們自外於國際精品咖啡潮流，脫節遠矣，並不為過。

「第三波」創新 Espresso 酸甜水果韻

米洛斯所言「咖啡時尚的創新動能，已從舊世界移轉到新世界……」很有見地。美國是世界最大咖啡消費國（註1），由美國肩負咖啡文化的革故鼎新，倒也順理成章。根據國際咖啡組織（ICO）估計，2010～2011年產季，全球咖啡產量約130,000,000袋，即7,800,000公噸，其中阿拉比卡占4,698,000公噸，羅巴斯塔占3,102,000公噸，預估美國人喝掉1,300,000公噸，換言之，全球有17%的咖啡被老美喝下肚，高居全球之冠。在SCAA以及美國「第三波」咖啡人的奮進努力下，老美「洗碗水咖啡」惡名漸除，近年更以精品咖啡領航國自居。

美國咖啡品質大躍進，筆者亦有同感，記得十幾年前在美國不易喝到悅口的濃縮咖啡，不是太焦苦，就是太尖酸。但這幾年喝到隨季節調整配方的Intelligentsia招牌濃縮咖啡「黑貓」（Black Cat）、Stumptown 鎮館名豆「捲髮器」（Hairbender）、Counter Culture的衣索匹亞日曬艾迪鐸（Idido）單品濃縮咖啡豆，以及Blue Bottle知名的「17呎天花板」（17 ft Ceiling）濃縮咖啡豆，滿口濃郁的水果酸甜韻與花味，有別於義大利傳統濃縮配方豆的樹脂味與雜苦韻。顯然美國「第三波」咖啡人已走出自己的路，淨化義式濃縮咖啡礙口的雜苦韻，成果令人驚豔。

Espresso進化運動是現在進行式，濃縮咖啡萃取參數、操作流程、配方與烘焙方式，面臨空前大變革，Espresso該如何調理，筆者不敢造次，妄加論述。但塵埃終有落定時，他日再談不遲。何不先來杯咖啡，好整以暇，靜觀精品咖啡「第三波」交棒「第四波」，兩相激盪的美學火花！

註1：美國人一年要喝掉130萬噸咖啡，雖然是世界最大咖啡消費國，但若算成人均量，老美平均每人每年喝掉4公斤咖啡，這也高於全球平均的1.3公斤，但比起北歐的瑞典、挪威和丹麥，人均量在9公斤以上，山姆大叔就相形見絀了。

咖啡名詞中英文對照表

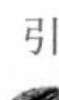

A

B

C

D

E

F

G

H

M

N

O

Q

R

S

T

U

國家圖書館預行編目資料

精品咖啡學（下）／韓懷宗著.一初版
—臺北市：推守文化,2012.02
面：公分——（美好生活系列：10）
ISBN 9789-986-6570-72-8(平裝)

1.咖啡 2.栽培

434.189 100026740

美好生活 10

精品咖啡學（下）

作者.......韓懷宗
責任編輯.......鍾宜君
封面設計.......頂樓工作室
內文設計.......林曉涵
校對.......韓懷宗、韓嵩齡、鍾宜君
內頁攝影.......林宗億
插畫.......張國瑞
出版者.......推守文化創意股份有限公司
發行人.......周永欽
總經理.......韓嵩齡
總編輯.......周湘琦
印務發行統籌.......梁芳春
行銷業務.......梁芳春、黃文慧、衛則旭、汪婷婷、塗幸儀

臉書（Facebook）.......www.facebook.com/pushing.hanz
部落格.......phpbook.pixnet.net/blog
發行地址.......106台北市大安區敦化南路一段245號9樓
電話.......02-27752630
傳真.......02-27511148
劃撥帳號.......50043336 戶名：推守文化創意股份有限公司
讀者服務信箱.......reader@php.emocm.com
總經銷.......高寶出版集團
地址.......114台北市內湖區洲子街88號3樓
電話.......02-27992788
傳真.......02-27990909

初版一刷 2012年2月27日
初版五刷 2012年4月24日
ISBN 978-986-6570-72-8

碧利咖啡實業創立於1977年，是台灣穩健的老字號咖啡公司，祖籍金門的黃四川，60年前遠赴印尼經營咖啡莊園，家族事業有成，第二代的黃重慶，30多年前返台創業，在台北成立碧利咖啡實業，以生豆貿易為主力，數十年來與印尼多家年出口量一萬多公噸的大型咖啡公司，維持密切關係。

黃重慶董事長在台灣胼手胝足，為碧利打下雄厚基石，近年準備交棒給第三代的黃緯綸(Steven) 與黃偉宸(Toney)。兩兄弟年少負笈加拿大，經歷北美精品咖啡浪潮洗禮。黃緯綸為了接下老爸重任，已於2010年赴美國洛城SCAA總部考取最高階的「精品咖啡鑑定師」（Q Grader）證照，並於2012年重返SCAA接受進階校正（Calibration）與嚴格的感官考試，順利通過「精品咖啡講師」（Q Instructor）的國際認證，此一講師資格得來不易，同期應考的日本UCC公司與韓國的Q Grader均鎩羽而歸。

碧利第三代的黃緯綸與黃偉宸兄弟，繼承老爸的烘豆絕學，彼此合作無間，以推廣咖啡教育與專業烘焙為志業，今後將致力於咖啡業務的國際化，除了台灣市場外，更放眼大陸、印尼、新加坡、泰國與美國市場。黃偉宸在上海的烘焙廠與杯測教室已完工，兩兄弟矢志為兩岸三地以及美國精品咖啡同好，傳遞家族半個多世紀以來的咖啡熱情，為上班族單調、煩忙的日常生活，添增千香萬味與浪漫風情。我們相信，開智又助興的咖啡，將繼茶品之後，成為華人不可或缺的生活方式。

1 黃緯綸每年多次造訪產地，為咖啡迷尋覓精品豆，這是他2010年拜訪印尼托巴湖畔的有機咖啡農所拍攝。2 黃偉宸（中左，黑衣）與黃緯綸（中右，格子衣），2011年遠赴長沙，擔任中國第十屆國際百瑞斯塔競賽（China Barista Championship）評委，並為大陸的咖啡師舉辦杯測講座，受到大批粉絲包圍。3 中南美豆商參訪碧利烘焙廠，黃重慶董事長（左1）與黃緯綸（右1）現場試烘一爐60公斤咖啡，以豆會友。4 肯亞豆商造訪碧利總公司，黃重慶董事長（右3）與黃緯綸總經理（右1）在辦公室招待遠客。5 2012年黃緯綸（右1）帶領碧利第二批考照團，遠赴美國洛城SCAA總部應考杯測師與Q Grader執照，學員與主考官合影留念。

Billie Coffee
碧利咖啡

碧利的營業項目：

- 咖啡概論、萃取與烘焙教學。
- 杯測師與Q Grader赴美認證考試精修班
- 精品豆、商用豆零售批發與烘焙代工
- 300公克至120公斤大小烘焙機銷售
- 美式玻璃濾泡壺Chemex零售批發
- 創業輔導、產地之旅

碧利咖啡實業總公司

地址：台北縣中和市中山路二段315巷2號7樓
電話：（02）8242-3639

上海碧利咖啡（BILLIE CAFÉ，黃偉宸）

地址：上海闵行区顾戴路3009号511室
免費電話：4006.1414.58